# 肉鸡饲养致富指南

马学恩　主编

内蒙古科学技术出版社

**图书在版编目（CIP）数据**

肉鸡饲养致富指南/马学恩主编. — 赤峰：内蒙古科学技术出版社，2020.5（2021.9重印）

（农牧民养殖致富丛书）

ISBN 978-7-5380-3212-3

Ⅰ.①肉… Ⅱ.①马… Ⅲ.①肉鸡—饲养管理—指南

Ⅳ.①S831.4-62

中国版本图书馆CIP数据核字（2020）第094383号

**肉鸡饲养致富指南**

主　　编：马学恩
责任编辑：马洪利
封面设计：王　洁
出版发行：内蒙古科学技术出版社
地　　址：赤峰市红山区哈达街南一段4号
网　　址：www.nm-kj.cn
邮购电话：0476-5888970
排　　版：赤峰市阿金奈图文制作有限责任公司
印　　刷：赤峰天海印务有限公司
字　　数：186千
开　　本：880mm×1230mm　1/32
印　　张：7.125
版　　次：2020年5月第1版
印　　次：2021年9月第3次印刷
书　　号：ISBN 978-7-5380-3212-3
定　　价：20.00元

如出现印装质量问题，请与我社联系。电话：0476-5888926　5888917

# 编委会

# 前　言

大力发展肉鸡饲养业，对改善城乡人民生活，增加农牧民收入，推动农业产业结构调整有着重要作用。经过多年的发展，我国肉鸡饲养业确实有了长足发展和进步，但我国肉鸡养殖业的发展空间和鸡肉消费市场的需求潜力仍然很大。因此，我们组织人员编写了本书。

本书主要介绍了肉鸡品种、饲养管理技术、疫病防控等方面的实用知识和技能。全书共九章，分别是肉鸡养殖效益分析与市场预测、肉鸡优良品种、肉鸡的孵化技术、肉鸡场的建设与饲养设备、肉鸡常用饲料和配方实例、肉仔鸡的饲养管理、肉鸡的屠宰与分割、肉用种鸡的饲养技术、肉鸡常见病的防控。书后还附有肉鸡生产作业日程表及参考文献。

本书作者多年来一直从事动物生产和疫病防控的教学与科研工作，有较扎实的理论基础和丰富的实践经验。编写过程中，始终注意语言通俗易懂，方法实用好记，目的是使具有初中以上文化水平的读者都能看明白，都能学着做。本书既适合广大农牧民朋友、乡村畜牧兽医人员、养殖场工作人员阅读，也可作为高等院校畜牧、兽医及相关专业师生的参考用书。

本书初稿由王海荣组织完成，马学恩与王海荣反复推敲，对书稿进行了多次修改、加工，部分内容重新编写，最终定稿，考桂兰在本书编写过程中发挥了重要的组织协调作用。如果本书能帮助农牧民朋友解决肉鸡生产中的一些实际问题,我们将感到无比欣慰,同时热忱欢迎读者朋友不断提出修改意见和建议。

# 目 录

# 第一章　肉鸡养殖效益分析与市场预测

## 一、肉鸡的概念及其生产特点

世界上许多地方都具有悠久的养鸡历史。有的鸡善于产蛋，产的蛋既多又大；有的鸡善于产肉，肉味鲜美；有的鸡这两个特点兼而有之。人们在长期的养鸡实践和科学研究中，有意识地选育了许多以产肉为主要特点的品种，这样就形成了肉鸡这样一个专门的品种。那么肉鸡具有哪些生产特点呢？

### （一）早期的生长速度快，饲料转化率高

肉用仔鸡生长迅速，刚孵出壳时体重为40克左右，在正常的饲养管理条件下，7~8周龄体重可达2千克，大约是出壳时的50倍。在肉用畜禽中，肉用仔鸡的饲料转化率最高（饲料转化率是指每千克增重所需的饲料量），在一般的饲养条件下，肉鸡料肉比可达2∶1，随着育种水平的提高、饲养管理条件的改善和饲养周期的缩短，料肉比更高的可达到1.75∶1的水平。而同为肉畜的肉牛和肉猪料肉比分别为5∶1和3∶1。

### （二）饲养周期短，资金周转快

在国内，肉用仔鸡从出壳到出栏需7~8周，经2周打扫、清洗、消毒，又可进鸡。这样10周就可饲养一批肉鸡，一年饲养5批，一次饲养5 000只肉鸡，则一年可生产2.5万只肉鸡，所投入的资金可在短期内收回，效益十分理想。

（三）饲养密度大，设备利用率高

与蛋鸡相比，肉仔鸡喜安静，不活泼好动，一般厚垫料平养，每平方米13只左右，比同等体重、同样饲养方式的蛋鸡密度约增加1倍。

（四）劳动生产率高，便于实行工厂化生产

肉用仔鸡可集约化生产，笼养、网养、平养、散养均可。农村可因地制宜，不需要特殊设备，一般散养，一个劳动力可以管理1 500～2 000只，全年可以饲养7 500～10 000只。半机械化生产每人每批可养3 000～5 000只，劳动力利用充分。肉鸡可密集饲养，生产工艺分工明确，便于实行大规模工厂化生产。

（五）肉用仔鸡抗病力弱，腿部疾病和胸囊肿较多

这一点，与其说是生产特点，不如说是肉鸡的一个先天性弱点。肉仔鸡因生长速度快，大部分营养用于肌肉生长，抗病力相对较弱，易发生呼吸道疾病、大肠杆菌病等常见性疾病，而且不易治愈。因其骨骼生长不能适应体重生长的需要，容易出现腿部疾病和胸囊肿。另外，肉仔鸡在短期内的快速生长，易发生猝死症和腹水症。这些疾病大大提高了肉用仔鸡的残次品率，因而加强饲养管理，减少疾病的发生是增加鸡场经济效益的重要措施之一。


**二、肉鸡养殖效益分析**

随着人们生活水平的提高，肉产品的需求不断增加，肉鸡生产也随之迅猛发展，养殖规模不断扩大，取得了显著的社会效益。而对于生产者来讲，经济效益是决定其经营成败的关键目标。

（一）怎样计算肉鸡养殖成本

养殖肉鸡的生产成本，主要由以下费用构成。

1. 饲料费

肉鸡每单位增重的饲料费＝饲料转化率×饲料价格。饲料转化

率是指每千克增重所需的饲料量。饲料费用占肉鸡总养殖成本的70%左右，是养殖效益的决定性因素。

2. 初生雏费

每只出售的肉鸡所负担的初生雏费为：初生雏的单价／出售率，出售率＝出售肉鸡只数／入雏鸡只数。

例：入雏鸡只数500只，饲养过程中死亡或淘汰20只，出栏鸡只数为480只，则出售率为480／500×100%＝96%。若最初购买雏鸡价格为1元／只，则出售的肉鸡核算的初生雏鸡的成本费则为1／96%＝1.04元／只。

3. 水、电、热能费

为每批肉鸡整个饲养过程所耗水电、燃料费，除以出售只数或出售总体重的商数。

4. 药品、疫苗费

为每批肉鸡所用防疫、治疗、消毒等药品费用的总和，除以出售肉鸡只数或总重量所得的商数。

5. 利息

指固定投资及流动资金一年支付的利息总数，除以年内出售肉鸡的批数，再除以每批出售的只数或总重量所得的商数。

6. 修理费

为保持建筑物完好而提取的修理费。通常每年折旧额为5%~10%。

7. 劳务费

指肉鸡的生产管理劳动所用的花费之和，包括入雏、给暖、给水、给料、疫苗接种、提鸡、装笼、清扫、消毒、运输、购物等花费。

8. 税金

主要是肉鸡生产所用土地、建筑、设备、生产、销售应交的税金，这笔钱也要摊在每只鸡或每千克体重上。

9. 杂费

除上述各项直接、间接费用之外的费用，统归为杂费，包括保险费、通信费、交通费、搬运费等。

**（二）肉鸡养殖实例分析**

某鸡场养殖肉仔鸡，每批饲养5 000只，成活率95%，一年养5批，根据市场饲料售价和肉鸡收购价格计算养殖效益。

1. 支出

鸡苗1.0元/只；1~20日龄饲喂1号料，用量1千克/只，2 780元/吨；21~36日龄饲喂2号料，用量2.2千克/只，2 685元/吨；37日龄至出栏饲喂3号料，用量2千克/只，2 592元/吨。以上合计用料5.2千克，饲料成本合计13.87元/只。用药1.5元/只，水电费0.5元/只，人工费等0.5元/只。以上成本合计17.37元/只。

2. 收入

肉鸡成活率95%，成鸡出栏体重平均2.71千克/只，肉鸡收购价格7.2元/千克体重。合计收入=7.2元/千克×2.71千克/只×95%＝18.54元/只。

3. 盈利

每只盈利：18.54元/只–17.37元/只＝1.17元/只。

每年盈利：1.17元/只×5 000只/批×5批/年＝2.925万元/年。

当然，影响肉鸡养殖效益的因素很多，如鸡苗成本、饲料行情、健康状况、饲养管理等。其中有些因素，肉鸡饲养者可以控制，如加强饲养管理等；有些因素是受市场制约的，如饲料价格等。但无论如何，只要采取科学的饲养方式，遵从市场规律，饲养肉鸡就会取得可观的经济效益。

### 三、肉鸡市场分析预测

市场预测就是运用科学的方法,对影响市场供求变化的因素进行调查研究,分析和预见其发展趋势,掌握市场供求变化的规律,为经营决策提供可靠的依据。

作为肉鸡饲养者,也要具备一定的市场预测知识和意识。市场预测以市场调查为基础,包括消费者需求调查(品种、质量、价格)、消费市场调查(市场规模、特点、销售渠道、市场行情等)、竞争对手调查(生产能力、生产成本、技术水平、产品质量、市场占有率、价格、交货期、市场信誉等)。在市场调查的基础上,进行市场预测,根据市场需求合理组织生产。

### 四、提高肉鸡饲养经济效益的措施

（一）选择优质雏鸡，提高成活率是盈利的基础

首先要选择优良品种,品种好的肉鸡生长速度快、抗病力强、饲料报酬率高,可显著提高经济效益。目前市场中饲养的优良肉鸡品种有很多,如艾维茵、爱拔益加等从国外引进的白羽鸡种,一般7周龄平均体重可达2千克,料肉比为1.9:1~2:1。另外,要选择健壮雏鸡,弱雏适应性差,易发病死亡,饲料报酬率低,效益差,因此肉鸡饲养者千万不要贪图便宜,一定要选购信誉好的大型种鸡场的健康雏鸡。

（二）提供优良饲养环境

饲养环境是影响鸡的生长发育和健康的重要因素,因此首先要完善鸡舍的硬件设施,达到冬季能保温,夏季能隔热的要求。然后,加强鸡舍小环境的改善,控制好鸡舍温度,注意通风,做到温度适宜且通风良好,防止鸡群因慢性缺氧而发生腹水症。控制饲养密

度,一般按每平方米10~12只较为合适。若密度过大,会造成采食和饮水位置不足,致使增重不均,均匀度差;同时,也易造成垫料脏湿、结块,舍内空气污浊,导致肉鸡生长速度缓慢。密度过小,饲养成本增高,也不经济。肉用仔鸡全期实行自由饮水和采食。此外,饲养人员在鸡舍工作时要小心,避免对鸡只的物理性损伤,影响其健康和肉质。

（三）选好优质饲料,减少饲料浪费

在肉鸡饲养过程中,饲料成本占养鸡总成本的60%~70%,所以应根据肉用仔鸡不同阶段的营养需要适时更换饲料配方,饲喂优质全价的配合颗粒饲料,提高饲料利用效率。目前,饲料市场产品丰富,但饲料质量良莠不齐,所以养鸡要考虑选用有经济和技术实力、重质量守信誉的饲料厂生产的饲料产品。在饲料更换时,要特别注意采取逐渐更换的办法,一般3~5天换完。通过饲料或饮水添加一些抗应激药物或补充维生素等,以缓解和预防鸡应激反应,增强机体抗病力,减少鸡只伤残,促进肉鸡健康生长。此外,还要注意选择优良的饲养设备,减少抛撒和储存损耗,防止鼠、鸟偷食和饲料发霉变质。

（四）搞好疾病的预防和控制

疾病是发展肉鸡生产的大敌,当前危害肉鸡健康生长的常见病、多发病主要有鸡新城疫、鸡传染性支气管炎、鸡传染性法氏囊病、雏鸡白痢病、鸡球虫病等。因此,应坚持"防重于治"的原则,采取综合措施。一是加强肉鸡饲养管理,健全各项管理制度,坚持"全进全出"饲养方式,控制疫病交叉感染。二是要严格消毒,鸡场和鸡舍的出入口应设消毒池,并定期更换消毒药品。人员、车辆、用具未经消毒,不准进入鸡舍。饲养用具和鸡舍也要定期消毒,切断传染途径。三是结合当地疫情,合理制定科学的免疫程序和预防用药程序。一般情况下,10日龄用新城疫疫苗点眼滴鼻,17日龄用传染性法氏囊病弱毒疫苗饮水,24日龄和31日龄分别重复10日龄和17日龄的防疫程序。同时要适时合理用药,控制白痢、球虫病和慢性呼吸道病等。

（五）把握市场,适时出栏

养肉鸡一定要充分了解市场信息和社会需求量,把握销售时机,这样才能提高养鸡经济效益。肉鸡生产具有一定的规律性,一般情况下销售价格低时,预示着销售价格上涨的到来;销售价格高时,预示着低谷已经不远。肉鸡饲养者要适时合理安排肉鸡生产,根据当地的鸡苗饲养量、毛鸡需求量决定进鸡时间和数量,同时根据市场需求做到适时出栏上市。肉鸡的出栏时间一般是42~52天,超期饲养,肉鸡的采食量增加而增重速度降低,料肉比下降,饲养的经济效益降低。

（六）减少其他支出

肉鸡饲养要因陋就简,因地制宜,根据各自的不同条件建造鸡舍。水、电、药物的使用要合理,各种用具设备要注意维修,延长使用寿命。尽量减少不必要的浪费,想方设法降低养鸡成本,从而增加收入。

# 第二章　肉鸡优良品种

## 一、肉鸡优良品种的选育

国内外肉鸡的品种有很多，有纯种鸡，也有杂交鸡；有国内培育的，也有国外引进的。品种不同，其生产性能表现有很大的差异。符合现代养鸡业要求的优良鸡种应该具备生产性能高、适应性强、产品质量好的特征。培养出优良肉鸡品种需要一个复杂而长期的选育过程。

### （一）品系的选育

利用先进的遗传学原理和育种技术，从同一品种或不同品种中选育出符合人们需求的具有不同性状的品系作为配套系，生产高产配套杂交鸡。

由于鸡的产蛋量与其早期生长速度、成年体重呈负相关，即产蛋量多的鸡生长速度慢、体型小，而生长速度快、体型大的鸡产蛋量就小。肉鸡育种专家根据作物制种原理，设计出科学的肉鸡生产方案，即分别培育两个专门化的品系——父系和母系，对父系肉种鸡的要求是早期生长速度快，体型大，饲料报酬高，肉质好，一般从肉用型鸡中选育（如白考尼什鸡、红考尼什鸡、芦花鸡等）；对母系肉种鸡要求是产肉性能好，产蛋量较多，可从兼用型鸡（如白洛克鸡、浅花苏塞斯鸡、洛岛红鸡等）中选育。

### （二）配套杂交

在杂交组合中参与配套的品系叫配套系。根据参与配套系的多少，形成肉鸡不同的杂交模式。现代肉鸡生产中杂交的模式主要有如下三种：

两系杂交：这是最简单的杂交模式，也是比较原始的形式。从纯系育种群到商品群的距离短，因而遗传进展传递快。不足之处是不能通过父母代利用杂交优势来提高繁殖性能，扩繁层次少，供种量有限。现已基本不用。

三系杂交：是三个品系配套，首先甲和乙两个品系杂交后，得到的子一代母鸡，再与第三个品系的公鸡交配，所得后代叫三元杂交鸡。用于生产，其效果常较二元杂交鸡好。因父母代母本是二元杂种，所以其繁殖性能可以获得一定的杂交优势，再与父系杂交可在商品代产生杂种优势。扩繁层次增加，供种数量大幅提高。配套形式见图2-1。用于杂交的父本和母本代表符号分别为♂和♀，×表示杂交。

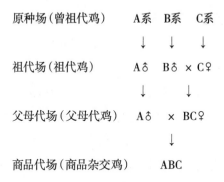

图2-1　三系杂交配套示意图

四系杂交：这是四个品系两两进行杂交所得的子一代再杂交，成为具有四个品系特点且生活能力强的杂交鸡。这种杂交方式有利于控制种源，保证供种的连续性。配套形式见图2-2。

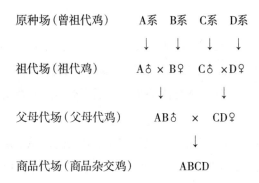

**图2-2 四系杂交配套示意图**

（三）现代商品肉鸡的繁育体系

生产高产配套杂交鸡，生产程序和环节多，任何一个环节出现问题，都会影响到商品肉鸡的质量，所以必须建立健全完整的良种繁育体系。良种繁育体系主要由育种和制种两部分组成。第一部分是育种部分，进行选育和定型。育种场的主要任务是利用选育出来的具有符合人们特定需求的十几个或几十个纯系鸡种进行杂交组合，筛选出杂交优势强大并经过随机抽样性能检测的配套组合，供生产上使用。第二部分是制种部分，利用育种场提供的配套纯系进行扩繁。扩繁过程中必须按固定的配套模式向下垂直传递，即祖代鸡只能生产父母代鸡，而父母代鸡只能生产商品代鸡，商品代鸡是繁育的终点，不能再作为种用。现代商品杂交肉鸡的繁育体系见图2-3。

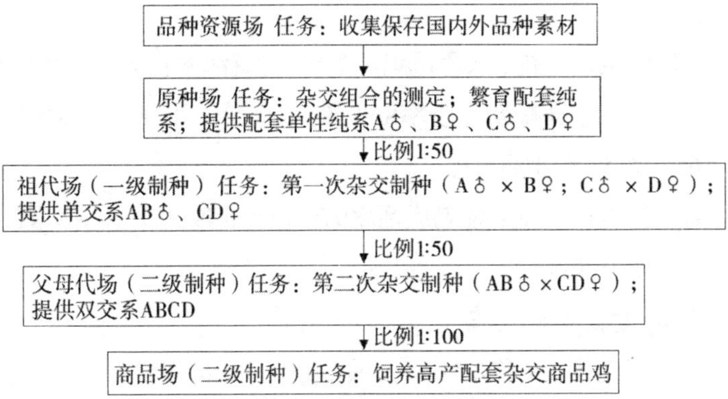

品种资源场 任务：收集保存国内外品种素材

原种场 任务：杂交组合的测定；繁育配套纯系；提供配套单性纯系A♂、B♀、C♂、D♀

↓比例1:50

祖代场（一级制种）任务：第一次杂交制种（A♂×B♀；C♂×D♀）；提供单交系AB♂、CD♀

↓比例1:50

父母代场（二级制种）任务：第二次杂交制种（AB♂×CD♀）；提供双交系ABCD

↓比例1:100

商品场（二级制种）任务：饲养高产配套杂交商品鸡

**图2-3 现代商品杂交肉鸡的繁育体系**

肉鸡配套比例，在指导生产者引进种雏和种蛋等方面都有重要的意义。一般每只肉用曾祖代D系母鸡可繁殖祖代D系母鸡（D♀）50只，每只祖代D系母鸡可繁殖父母代CD系母鸡（CD♀）50只，每只父母代繁殖母鸡又可繁殖商品代肉鸡（ABCD）100只。就是说，在繁育体系健全的情况下，每只曾祖代D系母鸡可生产250 000只商品代仔鸡。再如，某一父母代肉种鸡场现有10 000只种母鸡，那么一年就可以向商品鸡场提供1 000 000只商品雏鸡。

## 二、引进的优良肉鸡品种

### （一）艾维茵肉鸡

原产于美国，属三系配套白羽肉鸡品种。我国于1987年引进，目前全国大部分省市均建有祖代或父母代种鸡场，是白羽肉鸡中饲养较多的品种之一。艾维茵肉鸡具有体型较大，生长较快，饲料报酬高等优点。适宜于全国绝大部分地区的集约化养鸡场、规模鸡场、专业户和养鸡农户饲养，可分割销售，或经"烧、烤、炸"等加工后销售。

父母代生产性能：入舍母鸡产蛋5%时成活率在95%，产蛋期死淘率8%~10%；高峰期产蛋率86.9%，41周龄产蛋187枚；种蛋合格率94.6%，孵化率91%以上。

商品代生产性能：雏鸡成活率97%以上，49日龄平均体重2 615克，料重比为1.89∶1。

### (二)爱拔益加肉鸡

原产于美国，又称AA肉鸡，属四系配套白羽肉鸡品种。我国自1980年开始引进，目前全国已建有10多个祖代和父母代种鸡场，是白羽肉鸡中饲养数量较多的品种之一。爱拔益加肉鸡具有生产性能稳定，生长速度较快，胸肉产肉率高，饲料报酬高，抗逆性强等优良性状。

父母代生产性能：全群平均成活率90%以上，入舍母鸡66周龄平均产蛋193枚，种蛋合格率95.8%，孵化率80%以上。

商品代生产性能：35日龄公母混养平均体重1 770克，成活率 97.0%，饲料利用率为1.56∶1；42日龄平均体重2 360克，成活率96.5%，饲料利用率为1.73∶1，胸肉产肉率16.1%；49日龄平均体重2 940克，成活率95.8%，饲料利用率为1.90∶1，胸肉产肉率16.8%。适宜于全国绝大部分地区的集约化养鸡场、规模鸡场、专业户和养鸡农户饲养。

### (三)海布罗肉鸡

由荷兰泰高集团下属的优利公司育成，属四系配套白羽肉鸡。体型硕大，白羽单冠，生长速度快，产肉性能好，死亡率低，但对寒冷气候适应性差。

父母代种鸡生产性能：育成期1~20周龄，死淘率6%，20周龄体重1 940克。产蛋期20~64周，入舍母鸡产蛋数171枚，其中可孵蛋数

160枚,入孵蛋平均孵化率82.6%。产蛋期总耗料量52千克,每枚蛋需饲料290克。

商品代肉用仔鸡6周龄体重1 690克,饲料转化率1.88∶1;7周龄体重2 050克,饲料转化率2.02∶1;8周龄体重2 490克,饲料转化率2.13∶1;9周龄体重2 950克,饲料转化率2.27∶1。

（四）安卡红肉鸡

原产于以色列,为速生型黄羽肉鸡,属四系配套肉鸡品种。具有适应性强,耐应激,生长速度快,饲料报酬高等特点。黄羽、黄腿、黄皮肤,部分鸡颈部和背部有麻羽。与国内地方鸡种杂交有良好的配合力。目前国内多数速生型黄羽肉鸡都含有安卡红肉鸡血液,部分地区使用安卡红公鸡与商品蛋鸡或地方鸡种杂交,生产“三黄”鸡。安卡红肉鸡适宜于全国各地饲养,活销、加工用均适宜。

父母代种鸡生产性能:育雏、育成期1～21周龄,死淘率6%;22～26周龄成活率92%～95%;淘汰周龄为66周龄;25周龄产蛋率5%,入舍母鸡产蛋数164枚,入孵种蛋出雏率85%。

商品代肉用仔鸡6周龄平均体重2 000克,料肉比1.75∶1;7周龄平均体重2 405克,累计料肉比1.94∶1;8周龄平均体重2 875克,累计料肉比2.15∶1。

（五）罗斯1号肉鸡

这是英国罗斯育种公司培育的四系配套优良肉用鸡种。该鸡共分为四个品系,分别为1,4,7,8号。其特点是成活率高,增重速度快,出肉率高。

父母代种鸡入舍母鸡产蛋数（66周龄）为170枚,可孵种蛋数161枚,入孵蛋的孵化率为84%。

商品代肉仔鸡6周龄平均体重1 600克,料肉比1.80∶1;7周龄平均体重2 090克,料肉比2.01∶1;8周龄平均体重2 500克,料肉比

2.15∶1；9周龄体重约为2 920克，料肉比2.28∶1。

（六）狄高黄肉鸡

这是澳大利亚狄高公司育成的二系配套杂交肉鸡，父本为黄羽，母本为浅褐色羽。其特点是仔鸡生长速度快，与地方鸡杂交效果好。我国已引入祖代种鸡繁育推广。

父母代种鸡入舍母鸡产蛋数（66周龄）为191枚，可孵种蛋数175枚，入孵蛋的孵化率为89%。

商品代肉仔鸡6周龄平均体重 1 880克，料肉比1.87∶1；8周龄平均体重 2 532克，料肉比2.07∶1。

### 三、我国优质肉鸡品种

中国的优质肉鸡与国外的优质肉鸡概念并不完全相同，中国强调的是风味、滋味和口感，而国外强调的是生长速度。我国有很多地方肉用或肉蛋兼用品种，如南方地区有惠阳胡须鸡、清远麻鸡、杏花鸡、河田鸡等，北方地区有北京油鸡、固始鸡等。一般土种黄鸡生长缓慢，就巢性强，繁殖力低，饲养效益低，不适于集约化饲养。经过我国育种工作者对这些品种进行不同程度的杂交改良，培育出的优质肉鸡新品系，结合了进口肉鸡和我国地方鸡种的优点，不仅保持了地方鸡种的肉质风味，同时生长速度和饲料报酬比地方鸡种有了明显的提高，具有了很强的市场竞争力。我国优质肉鸡主要品种有：

（一）惠阳胡须鸡

这是广东的地方良种，又称三黄胡须鸡。该鸡具有肥育性能好，肉嫩味鲜，皮薄骨细等优点，深受广大消费者欢迎，尤其在港澳活鸡市场享有盛誉，售价也特别高。它的毛孔浅而细，屠体皮质细腻光滑，是与外来肉鸡明显的区别之处。12周龄公鸡平均重1140克，母鸡平均重845克；15周龄公鸡平均重1 410克，母鸡平均重1 015克。

（二）北京油鸡

产于北京市郊区，主要特征是"三黄"（即黄毛、黄皮、黄脚）和"三毛"（即毛冠、毛髯、毛腿）。按体型与毛色主要分为两大类：一是黄色油鸡，羽毛淡黄色，主、副翼羽颜色较深，尾羽黑色，多毛脚；二是红褐色油鸡，羽毛红褐色，除毛脚外，还有毛冠、毛髯。北京油鸡均为单冠，冠髯、脸、耳为红色。生长速度缓慢。屠体皮肤微黄，紧凑丰满，肌间脂肪分布良好，肉质细腻，肉味鲜美。12周龄平均体重959克；20周龄公鸡体重1 500克，母鸡体重1 200克。

（三）浦东鸡

又称"九斤黄"，产于上海市郊的南汇、川沙和奉贤等地，是黄羽鸡中体型较大的鸡种。肉质鲜美，耐粗饲，适应性强。单冠，黄嘴，黄脚。羽毛可有几种类型：公鸡常见的有红胸、红背和黄胸、黄背，母鸡有黄色、浅麻色、深麻色及棕色四种。180日龄公鸡体重3 346克，母鸡体重2 213克。

（四）桃源鸡

产于湖南省桃源县一带，有"三阳黄"之称。体型高大，体躯稍长，呈长方形。公鸡姿态雄伟，勇猛好斗，头颈高昂，尾羽上翘，侧视鸡体呈"U"字形。体羽金黄色或红色，主翼羽和尾羽呈黑色，颈羽金黄、黑色相间。母鸡体稍高，性温顺，活泼好动，呈方圆形。母鸡可分黄羽型和麻羽型。早期生长速度较慢，90日龄公母鸡平均体重分别为1 093克、862克，肉质细嫩，肉味鲜美，富含脂肪。成年公鸡体重为3 340克，母鸡2 940克。

（五）固始鸡

产于河南固始县，该品种个体中等，外观清秀灵活，体型细致紧凑，结构匀称，羽毛丰满。羽色分浅黄、黄色，少数黑羽和白羽。冠型分单冠和复冠两种。90日龄公鸡体重500克，母鸡休重350克；180日龄公鸡体重1 270克，母鸡体重967克。

（六）河田鸡

产于福建省西南地区，体宽深，近似方形，单冠带分叉（枝冠），羽毛黄羽，耳叶椭圆形，红色。90日龄公鸡体重588克，母鸡体重488克；150日龄公鸡体重1 295克，母鸡体重1 094克。皮薄骨细，肉质细嫩，肉味鲜美。

（七）清远麻鸡

产于广东清远县一带。该品种母鸡似楔形，头细、脚细。单冠直立，脚黄，羽色麻黄、麻棕、麻褐。成年公、母鸡体重分别为2 200克和1 800克，120日龄公、母鸡体重分别为1 000克和1 250克。

（八）仙居鸡

产于浙江仙居，原系我国著名蛋鸡品种。经选育，已具有体型较小，结实紧凑，动作活泼，反应灵敏，生命力强，肉质鲜美等特点。公鸡羽毛为红黄色，颈羽色深，尾羽大部黑色；母鸡羽毛为黄麻色或淡棕黄色。喙、趾、皮肤均为黄色，俗称"三黄鸡"。90日龄公鸡体重可达1 200~1 300克，110日龄青年母鸡体重可达1 000~1 200克，料重比3.5∶1。仙居鸡适宜于全国各地集约化养鸡场、规模鸡场、专业户和养鸡农户饲养，尤其适合竹园、果园、林园中放牧饲养。

# 第三章　肉鸡的孵化技术

## 一、孵化场的建场要求

### (一)场址选择

孵化场中由于种蛋和雏鸡运送频繁,来往用户多,是很容易被污染的场所;同时,又会通过各种途径向外扩散污染。在建场选址时,还要考虑到以后的防疫工作。所以,应选择相对独立封闭的场所,距离交通干线在500米以上,距离居民点在1 000米以上,距离鸡场在2 000米以上,而且应位于鸡场主风向的下风,周围没有粉尘较大的工矿区。

### (二)建筑要求

孵化场的墙壁、地面和天花板应选用防火、防潮和便于冲洗、消毒的材料,绝缘和保温性能良好,以确保室内的小气候稳定。孵化间除能容纳一定数量的孵化器外,应留有便于操作的通道,檐高一般为3.5～4米。孵化室和出雏室之间应设缓冲间,既便于孵化操作,又利于卫生防疫。地面平整光滑,以利于种蛋运输及冲洗和消毒。

### (三)通风换气与舍内小气候

通风换气主要是为了提供充足的氧气,排出有害气体(主要是二氧化碳),并在夏季高温时散热,以确保种蛋的孵化效果和雏鸡质量。各房间最好单独通风,将废气直接排出室外,避免各室相互污染。出雏间废气最多,污染较大,应通过具有消毒剂的水箱过滤后再排出室外,避免污浊空气通过别的通气孔进入孵化室和其他各室造成循环污染。

17

孵化场各室的小气候（温度、湿度）也直接影响到孵化效果和雏鸡质量，其参数要求见表3-1。

表3-1 孵化场各室的小气候参数

| 房间 | 温度（℃） | 相对湿度（%） | 通风 |
|---|---|---|---|
| 孵化间、出雏间 | 24~26 | 70~75 | 机械排风 |
| 收蛋间 | 18~24 | 50~65 | 人感到舒适 |
| 种蛋消毒间 | 24~26 | 75~80 | 有强力排风扇 |
| 贮蛋间 | 7.5~18 | 70~80 | 缓慢通风 |
| 雌雄鉴别间 | 22~25 | 55~60 | 人感到舒适 |
| 雏鸡存放间 | 22~25 | 60~65 | 有换气扇，缓慢通风 |

（四）孵化场的工艺流程

孵化场除了应是一个独立封闭的场所外，它各个用房设施的布局，还应按一个循序渐进、不可逆转的工艺流程来安排。具体流程：种蛋检验间→种蛋消毒间（熏蒸）→贮蛋间→种蛋处置间（分级、码盘）→孵化间→出雏间→雏鸡处置（分级、鉴别、预防接种等）→雏鸡存放间→发送、出售。这个顺序不能交叉和往返，以防相互感染。孵化场平面布局见图3-1。

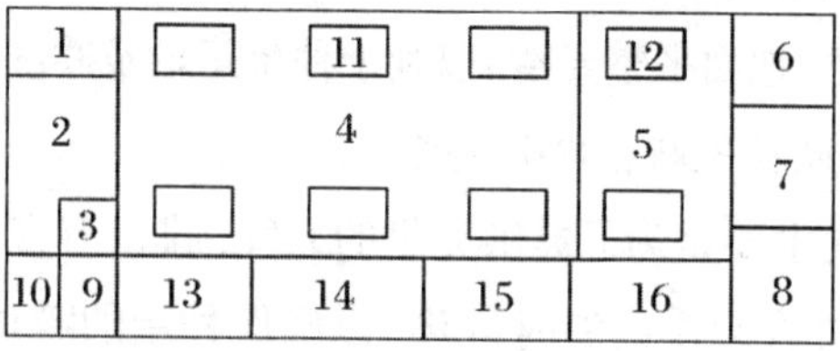

图3-1 孵化场平面布局示意图

1. 蛋库 2. 种蛋处理间 3. 消毒间 4. 孵化间 5. 出雏间 6. 注苗间 7. 公母鉴别间 8. 雏鸡待售间 9. 更衣间 10. 洗澡间 11. 孵化机 12. 出雏机 13. 办公室 14. 库房 15. 蛋盘洗涤间 16. 出雏洗涤间

## 二、孵化设备

孵化是现代化养肉鸡的一个重要环节。其主要作业有种蛋选择、预热、入孵、照蛋、倒盘、出雏及清洗消毒等，每项作业都有相应的现代化生产设备。孵化设备主要包括孵化机、出雏机和照蛋器等。孵化设备的性能将直接影响孵化率的高低和雏禽的质量，因此性能优良、质量可靠的孵化设备对养肉鸡来说是非常重要的。选择设备时应根据孵化场的规模及发展决定孵化机类型和数量，以及孵化、出雏设备的配套比例。

（一）孵化机

孵化机指种蛋入孵至落盘供胚胎生长发育的场所。选择孵化机时，要根据设计孵化量的多少、孵化空间的大小等实际情况选择容量和型号。目前使用的孵化机主要有箱式和室式两种。室式孵化机又称孵化室，是一种房间式孵化机，人可以进入室内，能容纳36 000～144 000枚种蛋。箱式孵化机又称电孵化箱，最多能容纳20 000枚种蛋，目前国内多采用此种孵化机。

对孵化机的要求主要为孵化温度均匀，各点之间温差不应超过±0.4℃；孵化期间温度为37.8℃，出雏期间温度为37.3℃。可自动调节孵化室内的相对湿度，孵化期内的相对湿度为53%～59%，出雏期内为70%左右。能自动控制机内通风，使蛋周围空气中二氧化碳的含量不超过0.5%。能定时自动转蛋。

（二）出雏机

指胚蛋从落盘至出雏结束期间发育的场所。与孵化机不同的地方在于出雏机无翻蛋系统，其他结构和使用方法与孵化机基本相同。孵化机与出雏机配套使用，一般也可采用同一箱体。

（三）照蛋灯

用于孵化时检查胚胎发育情况，以便及时发现和解决问题。用得较多的是手持式照蛋灯，要求光的强度能穿透褐色蛋壳，能清晰地照出胚胎的发育情况，以便及时清除死胚和弱胚。

## 三、种蛋的选择、消毒、保存和运输

（一）种蛋的选择

种蛋质量的好坏，直接关系到孵化率的高低、雏鸡质量和成年肉鸡的生产性能。因此，种蛋应来自遗传性能稳定、生产性能高、无经蛋传递疾病的种鸡群，并从中挑选质量好的种蛋孵化。

1. 外观选择

蛋的大小：种蛋的大小和长短应适中，以卵圆形为好，过长、过圆的应剔除。

蛋重：应符合品种要求，不能过大或过小，一般蛋重55~60克较佳。此时的母鸡群处在产蛋高峰期，生理机能处于最佳状态，所生产的种蛋孵化率高，雏鸡健壮，成活率高。

蛋壳厚度和颜色：蛋壳的结构应紧密细致，均匀光滑，厚薄适中。壳厚度为0.33~0.35毫米孵化率最高。薄壳蛋在孵化期内蒸发失重，同时因蛋壳薄，在孵化过程中易破损，细菌易侵入蛋内，孵化率和健雏率均不高。薄壳蛋、沙壳蛋、厚壳蛋、厚薄不均种蛋及种蛋颜色不符合品种要求的，都应剔除。

蛋的清洁度：蛋壳表面应光洁，无污点。过脏的蛋和受损的蛋易被细菌污染，不应用于孵化。壳表面污点大于黄豆粒的，应洗涤和消毒后方可入孵。

蛋的新鲜度：种蛋放置的时间愈短，对胚胎的影响愈小，孵化率愈高。一般夏季在常温下保存不能超过5天，冬季不能超过7天，温度在30℃时，应在3天内入孵。

2. 听音选择

两手各拿3枚种蛋，转动手指，使蛋互相轻轻碰撞，听其声音。完整无损的蛋声音清脆，破损的蛋可听到破损声。

3. 照蛋透视选择

用照蛋灯在夜间或在暗室内对种蛋进行透视，凡有裂纹、气室过大、蛋黄上浮、散黄及蛋内有异物（如血斑、肉斑）的蛋都不能入孵。

（二）种蛋的消毒

蛋刚产出就与鸡舍内的空气、垫料或粪便接触，蛋壳表面会有大量细菌。虽有保护膜、蛋壳及内外壳膜等几道自然屏障，但有些病原微生物仍可进入蛋内，影响种蛋孵化率和雏鸡质量。因此，种蛋在保存前或孵前必须各进行一次消毒。种蛋的消毒方法包括熏蒸法、喷雾法、浸泡法和紫外线消毒法。

1. 甲醛熏蒸法

这是消毒效果最好的一种方法。每立方米空间用福尔马林40毫升，高锰酸钾20克，熏蒸1小时。熏蒸的箱体或房间一定要密封，不能漏气。由于甲醛的杀菌力强，此法对所有微生物均能达到杀死的目的。

2. 过氧乙酸消毒法

可采用熏蒸或喷雾的方法。熏蒸消毒时每立方米用含16%的过氧乙酸溶液40～60毫升，加高锰酸钾4～6克熏蒸15分钟。喷雾消毒时用10%的过氧乙酸原液，加水稀释200倍，用喷雾器喷洒于种蛋表面。

3. 新洁尔灭消毒法

可采用喷雾法或浸泡法。用5%的新洁尔灭原液加水50倍配成

0.1%浓度的水溶液,喷洒于种蛋表面浸泡3~5分钟。药液干后即可入孵。

**4. 碘溶液消毒法**

用0.1%的碘溶液浸洗种蛋表面0.5~1分钟。溶液配法:2毫升水中加1克碘片和2克碘化钾溶解,然后加980毫热水,水温保持40℃。

**5. 高锰酸钾消毒法**

将种蛋浸泡于0.5%的高锰酸钾溶液中1~2分钟,然后沥干孵化。

**6. 紫外线消毒法**

紫外线光源离种蛋高40厘米,照射1分钟;或高1米,照射10~15分钟,即可达到消毒效果。

**(三)种蛋的保存**

种蛋从产出至入孵这段时间,要妥善保存在专用的蛋库内,同时要注意保存的环境条件。一般要求蛋库保温和隔热性能好,空气流通,无尘埃飞扬,无鼠害和不良气味。

种蛋保存的温度高低与孵化率有关,当环境温度高于23.9℃时鸡胚开始发育,低于这个温度时鸡胚发育处于静止休眠状态。种蛋保存的适宜温度为10~15℃。刚产出的种蛋应该逐渐降至保存温度,一般的降温过程为半天或1天,降温速度过快或过慢对胚胎发育均有一定影响。同样,种蛋入孵前由蛋库转到孵化室,也应有逐渐升温的过程,或者称为预热。

保存种蛋的蛋库内的湿度应控制在一定的范围内。蛋内水分蒸发的速度与蛋库内的相对湿度有关,环境湿度大,蛋内水分蒸发慢;湿度小,蛋内水分蒸发快。蛋库内的相对湿度以75%~85%为好。

以往种蛋保存过程中的放置习惯是大头朝上,小头朝下。据实验发现:种蛋保存14天,小头朝上放置,其孵化率有提高的趋势。特别是保存7天内，种蛋小头朝上的孵化率为90％，而大头朝上的孵化率则为82％。种蛋保存天数超过14天时，则每天应进行1~2次翻蛋。翻蛋可防止蛋黄与蛋壳粘连，有利于提高种蛋孵化率。

（四）种蛋的运输

运输前种蛋要包装好，最好采用特制的纸箱或蛋托，每层种蛋再用纸板相隔。用木箱时底部应铺设新鲜、干燥的锯末、刨花、麦秸等垫料，每层蛋之间都要有一层垫料，以防止蛋与蛋直接接触。在运输过程中，一定要平稳，无颠簸，否则易造成种蛋系带受损、蛋黄下沉或形成流动气室，降低孵化率。种蛋运输的最佳温度为12~15℃，相对湿度为75％~80％。运输种蛋时的温度不能超过23.9℃。

## 四、孵化条件

根据胚胎发育的特点，提供最适宜的孵化条件，才能获得理想的孵化效果和健康的雏鸡。孵化条件包括温度、湿度、通风、转蛋等。

（一）温度

温度是孵化的重要条件，只有在适宜的温度下，才能获得较高的孵化率。孵化温度偏高，则胚胎发育快，孵化时间缩短，但胚胎的死亡率增加，出壳雏鸡干瘦虚弱，育雏率低。孵化温度偏低，胚胎发育迟缓，孵化期延长，死胎率增加。如孵化温度在35.5℃以下，胚胎大多死于壳内。如孵化温度为35.5℃时，所需孵化时间为22.5天；孵化温度为36.6℃时，所需孵化时间为21.5天；孵化温度为37.2~37.8℃时，所需孵化时间为21天；孵化温度为38.9℃时，所需孵化时间为19.5天；孵化温度超过42℃，胚胎经2~3小时就会死亡。鸡胚发育的适宜温度为37~39.5℃，在此温度范围内，均可孵化出雏鸡，但孵化效果存在较大差异。在环境温度保持在24~26℃的前提下，最适宜的孵化温度为孵化开始的第1~18天用37.8℃，19~21天用37.3~37.5℃。孵化温度过高或过低，均会降低孵化率。

（二）湿度

湿度与蛋内水分蒸发及胚胎的物质代谢有关。如果孵化时的湿度较小，种蛋内水分加速向外蒸发，入孵蛋失水过多，孵出的雏鸡弱小，绒毛稀短；相反，湿度过大，会阻碍蛋内水分的正常蒸发，妨碍胚胎的气体交换，甚至引起胚胎的酸中毒，孵出的雏鸡腹大、卵黄吸收不良。同时，由于水分有导热作用，在孵化初期保持适宜的湿度，可使胚胎受热良好；孵化后期保持适宜的湿度，可使胚胎散热良好，因而有利于胚胎发育。此外，出雏时，保持适宜的湿度，使水分与空气中的二氧化碳以及蛋壳中的碳酸钙作用，形成碳酸氢钙，从而使蛋壳变脆，利于雏鸡啄壳。胚胎发育的适宜相对湿度为50%~70%。在孵化前期（1~7天），相对湿度应为60%~65%；中期（10~18天）为50%~55%；啄壳出雏期（19~21天），湿度保持在65%~70%较佳。

（三）通风

胚胎在发育过程中，需要与外界不断地进行气体交换，消耗氧气和排出二氧化碳。尤其是在胚胎的后期，由尿囊呼吸转为肺呼吸后，其耗氧量更大，产生的二氧化碳更多。为了保证胚胎正常的气体代谢，必须做到通风良好，经常供给新鲜的空气。一般在正常的通风条件下，孵化机内氧气含量为21%，二氧化碳含量为0.5%最适合胚胎发育。氧气含量过低或二氧化碳含量过高，都会使孵化率下降。在整个孵化期间，要处理好通风与温度、湿度的关系。

另外，除孵化机内的通风换气外，还要注意孵化室的通风换气。孵化室要有足够的空间，并安装通风设备，保证孵化机和出雏机排出的污浊气体能及时排出室外。

（四）转蛋

蛋黄含脂肪多，比重较小，总是浮在蛋白的上面，而胚胎又位于蛋黄的表面，如果长时间不转蛋，胚胎容易与壳膜粘连导致死亡。转蛋的目的在于改变胚胎位置，使胚胎受热均匀，防止粘连，促进胚胎运动及改善胎膜的血液循环。孵化器孵化过程中，一般每2小时转蛋一次，土法孵化一般3～4小时转蛋一次。在孵化过程中，前期转蛋比后期更为重要，尤其是孵化的第1周。

转蛋动作一定要轻、稳、慢，不能粗暴。转蛋角度以水平位置前俯后仰各45°为宜；转蛋不能仅一个方向，否则增加胚胎的死亡率。一般在孵化到16天时，鸡胚胎各器官的发育基本健全，初步具有体温调节能力，不会造成与壳膜的粘连，可停止转蛋。

**五、孵化管理**

（一）孵化前的准备工作

1. 制订孵化计划

应根据拥有的孵化设备条件、孵化出雏能力、种蛋供应能力及销售能力等，制订孵化计划。计划一旦制订，不能随便改动，以便整个孵化工作有序进行。

孵化人员的安排，要根据实际情况及孵化技术水平，适当搭配，合理安排。另外，要把费工费力的工作，如入孵、照蛋、移盘、出雏等工作错开。一般每7天入孵一批或两批。

2. 孵化设备的清理消毒和试运转

每次孵化结束后或种蛋入孵前几天，要对孵化室进行彻底清扫和冲洗，对孵化设备、用具进行清洗消毒。消毒时可先用新洁尔灭溶液擦洗表面，然后用甲醛熏蒸。消毒结束后，打开机门和进出气孔，驱散甲醛蒸气。

3. 孵化设备及附属用品的准备

孵化附属用品如照蛋灯、温度计、消毒用品、器皿、防疫注射器材等，都应在入孵前一周准备好。

4. 验表试机

在孵化前几天，应把孵化器和出雏机的控温、控湿、翻蛋及照明系统逐一检查，校正各部件的性能。如调节温度，并用标准温度计进行校正；易损电器元件要有备件，一旦出现问题，可及时更换，确保孵化工作正常进行。提前1周进行试运转，试机运转1~2天，如无异常时方可入孵。

5. 码盘入孵

码盘是指将种蛋码在孵化盘里。这项工作费工又费力，并且工作量较大，要求认真、细心。码盘的时间可根据孵化量多少及劳力的多少而定，如果一次上蛋比较多，可以提前1~2天码盘；如果一次上蛋不多，可在当天消毒前几小时完成。码盘后的蛋要进行入孵前的最后一次消毒。

6. 种蛋预热

种蛋入孵前4~6小时或12~18小时，先在22~25℃室温下进行预热，可提高孵化率，减少孵化器内温度下降的幅度，而且有利于除去种蛋表面的凝水。

入孵时间一般安排在下午4—5时进行，这样可以在白天大量出雏。若不是整批上蛋，要使孵化器里新老胚蛋温度较均匀，应把种蛋交错放置，并标记符号，防止出错。

(二)孵化操作技术

1. 温度调节

孵化器在入孵前一经校正、检验并试机运转正常，一般不能随意拨动。在刚入孵时，由于开门入蛋引起热量散失，以及种蛋和孵化盘吸收热量,孵化器里温度暂时降低,这是正常现象。当蛋温、盘温与孵化器内温度相等时,孵化器温度就恢复正常。这个过程一般要经过3~8小时。即使是暂时性停电引起温度下降,最好也不要调节。只有在正常情况下,机内温度仍偏高或偏低0.5~1℃时,才可调节,并密切注意温度的变化情况。温度的调节,一般都以门表的温度为依据。孵化器的温度要每隔半小时观察一次,每2小时记录一次。

2. 湿度调节

湿度由孵化器观察窗里悬挂的干湿球温度计来测量,每小时观察记录一次。如没有调湿装置,可通过增减水盘的方法及调节水温和水位高低来实现,也可在孵化室内地面洒水,调节环境湿度。出雏时,一般要求较高的湿度,必要时可对胚蛋喷洒温水,这样有利于雏鸡出壳。

3. 转蛋

增加转蛋次数,可提高孵化率。目前的机器孵化多是自动翻蛋,每小时翻蛋一次。手动翻蛋,动作要轻、稳、慢,并防止事故发生。

4. 照蛋

照蛋的目的是检验胚胎发育是否正常,同时剔除无精蛋、死精蛋、死胚蛋和破蛋等。一般是5天头照,18天二照。照蛋要求动作稳、准、快,尽量缩短验蛋时间。孵化人员验蛋放盘时,可根据机器内不同的温度区及胚胎发育情况,趁机调整蛋盘,以便使胚胎发育一致,提高孵化率。

5. 移盘

胚胎发育至18~19天后,将胚蛋从入孵器的孵化盘移到出雏机的出雏盘,称为移盘。一般以种蛋孵满19天进行为佳。移盘同样要求动作要轻、稳、快,尽量缩短移盘时间,减少胚蛋的碰破率。

6. 拣雏

一般可在出雏45%~50%时第一次拣雏,出雏75%~80%时第二次拣雏,出雏完毕再拣一次。出雏期间,拣出一些空蛋壳和绒毛已干的雏鸡,有利于继续出雏。不要将机门全部打开,以免出雏机里的温度、湿度下降过快,影响出雏。

在出雏后期,可进行助产。雏鸡在壳内无力挣扎时,工作人员可用手轻轻剥开壳,分开粘连的壳膜,把鸡头轻轻拉出壳外,但不要把整个雏鸡都拉出来。

拣完雏后,应彻底清扫,然后用高压水冲洗,再用甲醛进行熏蒸。孵出的雏鸡,要根据防疫及用户的要求进行必要的技术处理,包括雌雄鉴定、注射马立克病疫苗后放入分隔的雏箱内,然后置于22~25℃的暗室里,使雏鸡充分休息,以便准备接运。

## 六、孵化效果的检查与分析

(一)衡量孵化效果的指标

1. 种蛋的受精率

要求在90%以上。

受精率(%)=受精蛋数/入孵蛋数×100%

2. 早期死胚率

指入孵后头5天的死胚,正常情况应控制在1%~2.5%。

早期死胚率(%)=1~5天胚龄死胚数/受精蛋数×100%

3. 受精孵化率

是衡量孵化效果的主要指标,受精孵化率应达到90%以上,高水平应达到93%以上。

受精孵化率(%)=出雏蛋总数/受精蛋数×100%

4. 入孵蛋孵化率

本项指标能反映种鸡场和孵化场的综合水平,入孵蛋孵化率应达到85%以上。

入孵蛋孵化率(%)=出雏总数/入孵蛋数×100%

5. 健雏率

指能够出售、用户认可的健康雏鸡,健雏率应在97%以上。

健雏率=健雏数/出雏总数×100%

（二）孵化效果检查

孵化效果常用入孵蛋孵化率、受精蛋孵化率、健雏率等指标来进行衡量,一般入孵蛋孵化率应达85%以上,受精蛋孵化率在90%以上,健雏率在97%以上,达到这些指标,说明孵化效果好。孵化过程中应结合照蛋、出雏等检查,随时发现不正常现象,采取必要的改进措施,进一步提高孵化效果。

1. 照蛋

照蛋是保证孵化效果的重要方法。其目的是通过透视胚胎,了解发育情况,调整孵化条件。通常采用的工具是照蛋器。发育正常的活胚,头照在孵化5～6天进行,可明显看到黑色眼点,血管明显呈放射状,蛋的颜色暗红。孵化10天抽验蛋时,发育正常的活胚尿囊已经合拢并包围蛋的所有内容物,透视时,蛋的锐端布满血管。在18天二照时,发育良好的胚蛋,除气室以外已占满蛋的全部容积,胚胎的背部紧压气室,因此,气室边界弯曲,血管粗大,有时可看到胎动。即将出壳的雏体占据整个胚蛋,气室向一侧倾斜。常见的几种异常胚蛋的透视特点如下:

弱胚蛋:5天时,发育迟缓,胚体小,黑眼点不明显或看不到,血管纤细,色淡红。18天时,胚胎发育落后,气室比发育正常胚蛋小,且边缘不整齐,可见到红色的血管,小头发亮。

无精蛋:5天照蛋时,蛋色浅黄、发亮,看不到血管,蛋黄影子隐约可见, 头照多不散黄。

死精、死胚蛋: 头照只见黑色的血线或血点、血弧、血环紧贴壳上, 有时可见死胚的小黑点静止不动, 转蛋时跟着转动, 但停止转动后又静止。照蛋时, 很小的胚胎与蛋黄呈分离状态, 气室边缘不清晰。18天时, 气室小而不倾斜, 其边缘整齐且呈粉红、淡灰或黑色。胚胎不动, 见不到"闪毛"(即气室内可见颈、喙的阴影)。

破蛋: 透视见有裂纹。

腐败蛋: 蛋色呈一致的紫褐色, 有的有异臭味。

2. 蛋重和气室的变化

在孵化过程中, 由于蛋内水分蒸发, 蛋重逐渐减轻。孵化至第6, 9, 15, 19天, 蛋重减轻依次为2.5%~3.0%, 5%~7%, 10%~11%, 12%~14%。如果在孵化期内蛋的减重超出正常减重的标准过多, 照蛋时, 气室很大, 则可能是湿度过小, 温度过高或通风过快; 蛋的减重低于标准过多, 照蛋时, 气室很小, 则可能是湿度过大, 温度偏低或通风太差。通常是定期测定100个胚蛋实际重量, 计算重量减少的百分比, 然后与正常标准相比较。

3. 出雏观察

啄壳、出雏情况和时间, 能不同程度地反映出蛋的品质和孵化制度是否正常。种鸡营养不全, 种蛋维生素缺乏或孵化温度低时, 出雏推迟。因此, 要注意观察啄壳和出雏持续时间, 并与正常情况进行比较。正常情况下, 雏鸡19.5天开始啄壳, 20天开始出雏, 出雏时间较一致, 出雏高峰在20.5天, 21天则出雏完毕。

同时, 还要观察初生雏的绒毛、精神状态、脐部愈合情况和体型等。发育正常的雏鸡绒毛洁净有光泽, 脐部收缩良好, 干燥且被腹部绒毛覆盖着, 腹平坦。站立稳重, 对光及音响反应灵敏, 叫声洪亮, 体型匀称, 握在手里有温暖感觉并挣扎有力, 膘情良好, 显得

"水灵"。弱雏则绒毛比较混乱，脐部潮湿且带有血迹，愈合不良，腹大，蛋黄吸收不良，脐部无绒毛覆盖，体重大小不一，体躯干瘪瘦小，握在手里感到挣扎无力。两眼无神，半闭半开。两脚站立不稳，叫声无力或表现痛苦呻吟状态，对外界刺激反应迟钝。

（二）孵化效果分析

在孵化期内，胚胎死亡分布不是均衡的，通常存在两个死亡高峰。第一个死亡高峰出现在孵化的第3~5天，第二个高峰出现在孵化的第18~20天。一般来说，第一高峰的死亡率约占全部死胚数的15%，第二高峰约占50%。高孵化率的鸡群，死胚多出现在第二高峰；而低孵化率的鸡群，两个高峰的死亡率大致相当。孵化效果的好坏受种蛋的品质、种蛋的保存环境和孵化条件的影响。孵化过程中出现的问题及原因简介如下。

1. 臭蛋

产生的原因是蛋脏，被细菌污染，蛋未经消毒或消毒不当，破壳或裂纹蛋，种蛋保存时间太长，孵化机内污染。

2. 胚胎

死于2周内种鸡营养不良或患病，孵化机内温度过高或过低，停电，翻蛋不正常，通风不良。

3. 气室过小

孵化过程中相对湿度过高或温度过低。

4. 气室过大

孵化过程中相对湿度过低或温度过高。

5. 雏鸡提前出壳

蛋重小，孵化全程温度偏高；温度计不准确。

6. 雏鸡延迟出壳

蛋重大，孵化全程温度偏低；室温多变；种蛋保存时间太长；温度计不准确。

**7. 死胚充分发育但喙未进入气室**

种鸡营养不平衡,孵化第1~10天温度过高,第19天湿度过高。

**8. 死胚充分发育且喙在气室内**

种鸡营养不平衡,出雏机通风不良,20~21天温度过高或湿度过高。

**9. 雏死啄壳后死亡**

种鸡营养不平衡,存在致死基因,种鸡患病,胎位不正,孵化第20~21天温度过高或湿度过高。

（三）提高孵化率的措施

**1. 孵化室设计合理**

孵化室要求冬能保温,夏能隔热。设计双层玻璃窗。室内暖气片设在进风的窗下,防止冷风直接吹进孵化器后面的进风口,影响孵化器内温度,避免靠近进风口附近的胚胎直接受冷风刺激。夏季为了通风、降温,最好安置风扇,及时驱除室内污浊气体。否则,室内温度高,通风不良,二氧化碳不能及时排出,胚胎的氧气供应不足,则降低孵化率。

**2. 提高种蛋受精率**

种蛋的受精率越高,入孵蛋孵化率越高;反之,种蛋受精率越低,入孵蛋孵化率越低。提高种蛋受精率的措施包括:选择优良的种公鸡,公母比例要适当,利用期要适当,适时淘汰和补充种公鸡等,以确保种蛋的受精率。

**3. 提高种蛋质量**

种蛋的质量与种鸡群的营养状况和健康状况关系密切。应根据种鸡群的品种特性和营养特点,做好日粮配合,特别要防止维生素A、维生素$B_2$、维生素$B_{12}$、维生素E、维生素K、维生素D、泛酸和叶酸缺乏；同时要注意补充常量矿物质及微量元素；饲料中的粗蛋白质水平也不要过高，否则会影响孵化率。经蛋传播的疾病，都不同程度地影响孵化率，因此要坚持种鸡群疫病净化，淘汰阳性个体，切断垂直感染，减少经蛋传疾病的发生。同时做好卫生防疫工作，切断水平感染，减少环境污染，提高孵化率及种鸡成活率。根据蛋重、蛋形、蛋壳质量及蛋的清洁度严格挑选种蛋。

4. 提高孵化技术及管理水平

掌握好孵化温度、湿度，创造良好的孵化条件。搞好孵化场和孵化器的清洁工作和通风换气。加强对孵化人员的管理，充分调动其积极性并加强岗位责任心，严格执行孵化操作规程。

# 第四章　肉鸡场的建设与饲养设备

　　肉鸡场是肉鸡生活的场所,其场址选择、场区布局、鸡舍设计和鸡舍建设是否科学合理,直接影响肉鸡生产性能的发挥、鸡场的卫生防疫和污染控制等各个环节。因此,肉鸡场建设必须严格按照肉鸡无公害养殖标准有关规定,根据肉鸡生产工艺流程、环境控制、卫生防疫等要求,进行全面考虑和实施。

## 一、肉鸡场场址选择

### （一）选择原则

#### 1. 无公害原则

　　肉鸡场所选场址的土壤、水源、空气等,应避开公害污染源,远离重工业、化工业等工厂区。另外,肉鸡场的生产也不能对周围环境造成污染。选择场址时必须考虑粪便、污水和其他废弃物的处理条件和消纳能力。

#### 2. 卫生防疫原则

　　所选场址周边的环境和兽医防疫条件是影响肉鸡场经营成败的关键因素之一。因此,在选址时,应对当地历史疫情和周边环境做深入细致的调查研究,避开有历史疫情的地段,远离交通干线、居民区,特别要远离兽医站、畜牧场、集贸市场、屠宰场等,尽量选择有自然隔离条件的场所。

#### 3. 便利原则

　　在选址时,必须考虑供水、供电是否有保障,交通是否便利;场地尽量不需做处理。

（二）如何选择肉鸡场场址

按照上述原则，可从自然条件和社会条件这两个方面选择肉鸡场场址。

1. 自然条件

主要包括地形地势、地质土壤和水源水质。应选择地势较高、干燥平坦且有一定坡度、排水良好和向阳背风的地方，坡度以3%～5%为好，最大不超过25%；平原地区选择地段较高的地方，地下水位要在2米以下，以利排水。建肉鸡场的土质以沙壤土最好，雨后不至于积水造成泥泞。对水源的基本要求是：水量充足，水质良好，取用方便，便于保护。

2. 社会条件

主要包括供水、供电有保障，交通便利，肉鸡场局围3 000米内无大型化工厂、矿场等污染源，距兽医站、集贸市场、屠宰场及其他畜牧场至少1 600米以上；肉鸡场距干线公路、村镇居民点至少1 000米以上。

## 二、肉鸡场的规划和布局

（一）肉鸡场建筑的种类

肉鸡场内的建筑按用途可分为五类，即行政管理用房、职工生活用房、生产性用房、辅助用房和其他建筑。行政管理用房包括行政办公室、接待室、会议室、财务室、值班门卫室等，职工生活用房包括食堂、宿舍、浴室等房舍，生产性用房包括各种鸡舍等，生产辅助用房包括饲料库、兽医室、消毒更衣室、配电室、水泵室、锅炉房、机修间等，其他建筑包括病鸡剖检室、化验室、粪污处理设施等。

（二）场区的分区规划

为了进行科学饲养管理和便于防疫，一般将肉鸡场分为管理区、生活区、生产区和隔离区。管理区主要是行政管理用房，生活区主要是职工生活用房，生产区包括生产性用房和生产辅助用房，隔离区主要是污染源用建筑，各区间相互隔离。根据地势的高低、水流方向和主导风向，按人、鸡、污物的顺序，将这些区和区内的建筑设施按环境卫生条件的需要次序排列。

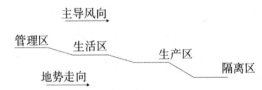

管理区和生活区属于场前区，是担负职工生活、鸡场管理和对外联系的场所，应设在与外界联系方便的位置。同时，为了防止疾病的传播，场前区与生产区应严格隔离，外来人员不能随意进入生产区。

生产区是鸡场的核心部位，如采用一次性育成出栏生产方式，育雏和育成可并为一栋鸡舍；也可采用育雏、育成两段饲养。饲料库和粪场均要靠近生产区，但不能在生产区内，而且两者的平面位置是相反方向或偏角的位置。鸡场的总体平面布置主要考虑卫生防疫和工艺流程两大因素。大型肉鸡场要在生产区内进行分区分片管理，以便实行整区或整片的全进全出；各小区的饲养管理人员、运输车辆、设备、使用工具等严格控制，防止互串。小区间既要联系方便，又要有防疫隔离的条件。

隔离区是肉鸡场粪便等污物集中处理的场所，是卫生防疫和污染控制的重点。该区应设在全厂的下风头和地势最低处，且与场前区和生产区的间距不小于50米。粪污处理场所要便于鸡粪的运进和运出。病鸡隔离舍应尽可能与外界隔离。处理病死鸡的尸坑或焚尸炉等设备的隔离应更严密。

肉鸡场建设应充分考虑防疫问题。场区要设围墙或防疫沟与外界隔离，并建立绿化带。鸡场大门口、场前区与生产区之间和鸡舍门口应设置消毒设施，一般车辆消毒池长5~7米，宽3米，深0.2米；人员消毒池长1~2米，宽0.7米，深0.15米。在生产区门口，还要设人员与淋浴更衣室，在鸡舍门口设脚踏消毒池和洗手消毒盆。

（三）鸡舍结构及一般规格

1. 肉鸡舍的排列

鸡舍群一般东西横向成排，南北纵向成列，呈行列式排列。如果鸡舍群按标准的行列式排列与地形地势、气候条件、鸡舍的朝向选择等发生矛盾时，也可以将鸡舍前后错开、左右错开排列，但仍要注意平行的原则，不要造成各个鸡舍相互交错。当鸡舍长轴与夏季主风向垂直时，上风行鸡舍与下风行鸡舍应左右错开呈"品"字形排列，有利于鸡舍的通风；若鸡舍长轴与夏季主风方向所成角度较小时，左右列应前后错开，即顺气流方向逐列后错一定距离，也有利于通风。

2. 肉鸡舍的朝向

鸡舍的朝向关系到鸡舍的通风、采光和保温等环境控制。鸡舍的长轴不能与主风向平行，否则通风不良。在我国大部分地区，鸡舍应取朝南方向或偏东南、稍偏西南方向，具体应根据所处地理位置来确定。

3. 肉鸡舍间距

鸡舍的间距确定应从通风、采光、防疫、防火和节约用地等多方面综合考虑。一般防疫要求鸡舍的间距应是檐高的3~5倍，开放式鸡舍应为5倍，密闭式鸡舍应为3倍。

**4. 肉鸡舍面积**

鸡舍面积的大小可根据饲养方式和饲养密度确定，一般平养占地面积可按肉种鸡0.25平方米/只，肉仔鸡0.09平方米/只来计算确定。

**5. 肉鸡舍的跨度、长度和高度**

鸡舍跨度不宜过宽，有窗自然通风，鸡舍跨度以6~9.5米为宜，机械通风鸡舍可选12米左右。鸡舍长度没有严格限制，考虑到设备安装和工作方便，一般以50~70米为宜。鸡舍高度根据饲养方式、鸡舍大小、气候条件有所不同，一般为2.5~2.8米。

**6. 屋顶形状**

肉鸡舍屋顶形状有很多种，如单落水式、双落水式、双落水不对称式、半钟楼式、钟楼式和拱顶式等（见图4-1）。选择哪种形式屋顶，一般根据当地的气温、通风等环境因素来决定。在南方干热地区，屋顶可适当高些，以利于通风；北方寒冷地区，可适当矮些，以利于保温。生产中大多数鸡舍采用三角形屋顶，坡度值一般为1/3~1/4。屋顶材料要求绝热性能良好，以利于夏季隔热和冬季保温。

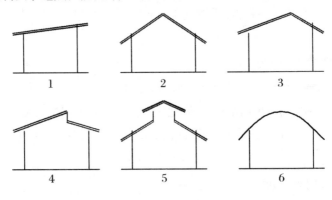

**图4-1 屋顶形状**

1.单落水式　2.双落水式　3.双落水不对称式　4.半钟楼式　5.钟楼式　6.拱顶式

（四）场内道路与排水

为了满足卫生防疫要求，生产区的道路应区分为净道和脏道。净道用于生产联系和运送饲料、产品，脏道用于运送粪便、病死鸡。净道和脏道绝不能交叉混用。净道和脏道以池塘、沟渠、草坪或林带相隔。各种道路两侧，均应留有绿化和排水明沟。场区内道路的路面必须硬化。

为了减少投资，一般可在道路一侧或两侧建设明沟来排泄雨水，但不能与肉鸡舍内排水系统的管沟相通，以防止污水池满溢，污染周围环境。隔离区要有单独的下水道将污水排至污水处理设施内。

（五）粪便处理设施

粪污贮存设施与处理场所的地面必须进行水泥硬化处理，以防粪污渗漏、散落和溢流，并在上面建设棚亭，避免雨水浇淋污染环境。

### 三、肉鸡舍的建筑设计

（一）鸡舍建筑的基本要求

1. 保温防暑性能好

肉仔鸡饲养对温度的要求很高，所以鸡舍的保温隔热性能必须要好。否则，很难满足肉仔鸡正常生长对温度的需要，并会增加能量的消耗，也不利于夏季防暑。

2. 有利于空气调节

肉鸡的新陈代谢旺盛，每千克体重耗氧气量是其他动物的2倍多。因此，肉鸡舍无论规模大小，都必须通风良好，能够保证空气新鲜。有窗鸡舍采用自然通风换气方式时，可利用窗户作为通风口。如鸡舍跨度较大，可在屋顶安装通风管，通过调节窗户及通风管闸门的大小控制通风换气量。密闭式鸡舍必须使用风机进行强制通风。通风洞口的设置要合理，进气口设于上方，排气口设于下方，靠风机的动力组织通风，使舍外冷空气进入鸡舍预热后再到达鸡群饲养面上，然后排出舍外。常用的鸡舍横向、纵向通风情况见图4-2。在设计鸡舍时需按夏季最大通风量计算，一般每千克体重通风量为4~5立方米/小时，鸡体周围气流速度夏季以1.0~1.5米/秒，冬季以0.3~0.5米/秒为宜。

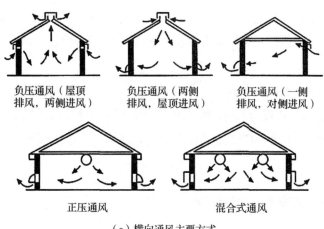

（a）横向通风主要方式

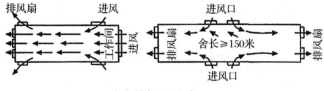

（b）纵向通风方式

图4-2　常用的横向、纵向通风示意图

3. 保证充足光照

对开放式肉鸡舍而言，主要采用自然光照。首先要选择好鸡舍的方位,朝南向阳较好;其次,窗户的面积大小也要恰当,肉仔鸡舍窗户与地面面积之比以1:5为宜。

4. 便于冲洗、消毒、防疫和排水

为了便于肉鸡舍冲洗、污水排出、消毒和防疫,鸡舍内地面要比舍外地面高出20~30厘米,鸡舍应设排污沟。舍内做成水泥地面,四周墙壁离地面至少有1米的水泥墙群,舍内墙表面要光滑平整、耐磨损。所有开口处和有窗鸡舍的窗户要安装铁丝网,以防止飞鸟、野兽进入鸡舍。鸡舍的入口处应设消毒池。

(二)鸡舍建筑类型

肉鸡舍建筑类型应符合本地区的气候条件,要做到科学合理、因地制宜、节省能源和资金。常见的鸡舍类型可分为有窗鸡舍、封闭式鸡舍、半开放式鸡舍和塑膜棚架结构鸡舍等。

1. 有窗鸡舍

一般为砖混结构,常见长度为50~70米,宽度为7~12米,高一般为2.5~2.8米,南北墙都设有窗户,便于采光和通风。为节省建筑材料,多采用二四墙(24厘米厚的墙),但为了提高保温隔热效果,在北方地区建议采用三七墙(37厘米厚的墙),并设天棚,以加强建筑隔热。有窗鸡舍依靠墙体、屋顶和门窗等外围护结构形成全封闭状态,具有较好的保温隔热能力。

2. 封闭式鸡舍

鸡舍四壁无窗,采用人工光照,机械通风,这种鸡舍对电的依赖性较大。封闭式鸡舍必须具有良好的保温隔热性能,建筑要求高于有窗鸡舍,多设天棚、纵向通风和湿帘降温系统,否则环境控制困难;封闭式鸡舍通风系统所有的开口,如风机安装孔洞、应急窗、进气口等,均需要有遮光装置,以便有效地控制鸡舍光照。

### 3. 半开放式鸡舍

是 种利用自然环境条件的节能型鸡舍建筑。鸡舍南北两侧壁的上半部全部敞开,用半透明的双层卷帘或双层玻璃钢通风窗作为南北两侧壁的围护结构,充分利用太阳能。自然通风、自然光照,不设通风和采暖设备,通过卷帘机或开窗机控制通风窗的开度进行通风换气。利用双层卷帘或窗的隔热作用达到冬季保温、夏季散热的效果。鸡舍采用轻钢结构,复合保温板装配。通常宽度为7~9米,高度为2.6~2.8米,长度为30~60米。利用横向自然通风方式,即可满足鸡舍环境要求。

### 4. 塑膜棚架结构鸡舍

这种鸡舍建筑的保温性和通风性适合肉鸡生长,舍内空间大,操作更加方便,建设成本低于房屋结构。鸡舍宽度7~10米,长度根据饲养规模可大可小,一般为20~80米,横切面最高点为2.6~2.8米,两肩高1.8~2米,两肩以下为通风调节口,两肩以上为弓形棚顶。棚顶为四层结构(塑料薄膜、草栅、塑料薄膜、厚稻草栅),加热采用火道,地面可用水泥铺平,便于消毒和清理。

## 四、肉鸡饲养设备

### (一)常用饲养设备

#### 1. 笼具设备

包括网床、立体电热育雏器和立体肉鸡笼。

网床可用金属或竹木制成床架,床面离地高度60~100厘米,在床面上铺塑料网,网眼为1.2厘米×1.2厘米,床面往上围30~50厘米的床围。网上平养节省垫料,雏鸡不与地面粪便接触,可有效减少疾病的传播。

商品肉鸡笼分为重叠笼和阶梯笼(见图4-3、图4-4),以阶梯笼为主, 主要用于优质肉鸡饲养。其优点是提高了单位面积的育雏数量和房屋利用率, 发育整齐, 减少了疾病传播, 提高了成活率; 缺点是一次性投资大, 肉鸡胸囊肿发病率高。

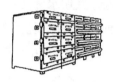 

图4-3　肉鸡育雏笼　　　　图4-4　肉鸡阶梯笼

## 2. 饮水设备

有水槽、真空饮水器、吊塔式饮水器、乳头式饮水器等。

（1）水槽。其结构简单, 可直接由自来水龙头供水, 一般采用长流水式供水法, 通常用于笼养。这种方式便于直观检查, 但水量浪费大, 同时鸡饮水时容易污染, 增加了疾病传播概率, 因此应定时清洗。为防止浪费水, 可在进水口安装水漂来自动控制进水。

（2）真空饮水器。真空饮水器由水罐和水盘两部分组成, 水盘上开一个出水孔, 使用时将水罐倒过来, 盛上水, 再将水盘倒扣其上, 扣紧后一起翻转180° 放置于地面。水从出水孔流出, 直至将孔淹没为止。目前市场上销售的真空饮水器型号较多, 有2.0千克、2.5千克、4.0千克、5.0千克等型号。2.0千克和2.5千克的饮水器适用于3周龄以内的雏鸡用, 每50只鸡可用一个饮水器; 3.0千克以上的饮水器适用于3周龄以上的肉仔鸡, 饮水器的数量配备要保证每只鸡有2厘米的饮水空间。

（3）吊塔式自动饮水器。饮水器通过吊襻用绳索吊起, 顶端的进水孔用软管与主水管相连, 进来的水通过控制阀门流入饮水盘, 在重力的作用下, 保持饮水盘中的水量恒定。水少时, 饮水器轻, 弹簧可顶开进水阀门,水流出;当水达到一定限度时,水流停止。

（4）乳头饮水器。乳头饮水器因其端部为乳头状阀杆而得名。它密封性好,避免了饮水受外界污染,不必每天清洗;水不外溢,有助于保持良好的垫料状况,节省用水,其用水量只需常流水水槽的1/8左右。在使用乳头饮水系统之前,打开所有乳头器,排净管内的空气,使饮水顺畅地流经每一个乳头,以后系统中要保证常有水。

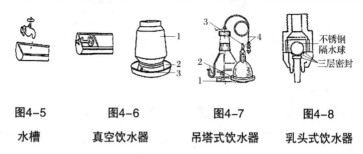

图4-5　　　　图4-6　　　　图4-7　　　　图4-8

水槽　　　　真空饮水器　　吊塔式饮水器　乳头式饮水器

### 3. 饲喂设备

主要有开食盘、料槽、料桶,大型肉鸡场还采用喂料机。料槽的大小规格因鸡龄不同而不同。

（1）开食盘。主要供开食及育雏早期（0~2周龄）使用,有圆形和方形两种,一般用优质塑料制成。

（2）料桶（见图4-9）。适用于平养肉鸡,它的特点是一次可添加大量饲料,贮存于桶内,供鸡不停地采食。一般用塑料或玻璃钢制成,容量3~10千克不等。建议采用容量小点的,这样因个数多、上料频率高,可刺激肉鸡食欲,有利于肉鸡增重。约每35只肉鸡用一个10千克左右的大号料桶或一个简易料盆,养千只鸡需准备30个料桶或料盆。

（3）自制料槽（见图4-10）。一般采用木板、镀锌板或硬塑料板等材料制作。要求采食方便,不浪费饲料,不易被粪便污染,坚固耐用，便于清洗消毒。料槽边口都应向内弯曲，以防止鸡采食时将饲料弄到槽外。根据鸡体大小不同，食槽的高度和宽度有差别。雏鸡料槽的口宽10厘米左右，槽高5~6厘米，底宽5~7厘米，长度0.5~1米；大雏或成鸡料槽口宽20厘米左右，槽高10~15厘米，底宽10~15厘米，长度1~1.5米。为防止鸡踏入槽内弄脏饲料，可在槽口上方安装一根能转动的木棍，也可采用8号铁丝穿上竹管制成。

(4)喂料机。常见的有链式喂料机和螺旋弹簧喂料机。

链式喂料机(见图4-11)：主要由料槽、料箱、驱动器、链片、转角器、清洁器、支架等几部分组成。原理是依靠电机以减速器带动驱动链轮，使链片缓慢移动，将料箱中的饲料均匀地输送到食槽中，运转1周后将多余的饲料带回料箱。要求链片结构设计合理，在宽度上能和食槽很好配合。其缺点是饲料、料槽易被鸡粪污染，容易把颗粒料弄碎，不易清洁。

螺旋弹簧喂料机(见图4-12)：结构主要由料塔、计量装置、横向输送装置、起吊装置、纵向输料装置和电器控制装置组成。具有运转平衡、噪声小、主要工作部件寿命长等特点。工作原理是启动电源开关，料塔出料机将饲料输入到计量装置箱；然后通过横向螺旋输料机将饲料分别输入到各条纵向输料装置端部的储料箱内，当最后一个料箱内饲料顶上料位器时，动力被切断，横向输料机构自动停止作业；在横向输料机切断送料的同时，启动各条纵向输料机驱动电动机，饲料在螺旋弹簧转推下，通过各个出料孔落入料桶中。当各自纵向输料机的最后一个料桶内的饲料顶上料位器时，就自动停止饲料输送。当料桶内的饲料被鸡群采食后，系统又会重新启动。

图4-9　　　图4-10　　　图4-11　　　图4-12
料桶　　　自制料槽　　链式喂料机　螺旋弹簧式喂食机

（二）环境控制设备

1. 通风换气设备

肉鸡舍的通风换气类型分为自然通风、机械通风和混合通风三种。机械通风主要依赖于各种类型的风机。常用风机类型：轴流式风机、离心式风机、吊扇和圆周扇。

2. 供暖设备

主要有暖风机、热风炉、煤炉、烟道和控温育雏伞等。

暖风机系统主要由进风道、热交换器、轴流风机、混合箱、供热恒温控制装置、主风道组成，属于整体供暖设备。这种供暖方式效果较好，它可使舍内温度均匀、空气新鲜，并且节省能源。

热风炉系统主要由热风炉、轴流风机、有孔塑料管、调节风门等组成，属于整体供暖设施。它是以空气为介质，以煤为燃料的手动式固定火床炉。该设备结构简单，热效率高，送热快，空气清新，成本低。

烟道分地上水平烟道和地下烟道两种，属于整体供暖设施。地上水平烟道是在育雏室墙外建一个炉灶，根据育雏室面积的大小在室内用砖砌成一个或两个烟道，一端与炉灶相通，另一端穿出对侧墙后，沿墙外侧建一个较高的烟囱，烟囱应高出鸡舍1米左右。地下烟道与地上烟道的区别在于室内烟道建在地下，与地面齐平。烟道供暖应注意烟道不能漏气，以防煤气中毒。烟道供暖时室内空气新鲜,粪便干燥,可减少疾病感染,适用于广大农户养鸡和中小型鸡场,对平养和笼养均适宜。每1 000只鸡需砌1~2个烟道(或火墙也可)。

控温育雏伞由伞部和内伞两部分组成,属于局部供暖设备。伞部用镀锌铁皮或纤维板制成伞状罩。内伞有隔热材料,以利保温;以电阻丝、电热管、远红外线或煤气炉等为热源,安装在伞内壁周围;伞中心安装电热灯泡,外加一个控温装置,可根据需要按事先设定的温度范围自动控制温度。直径为2米的保温伞可养肉鸡300~500只,伞下距地面高度要满足雏鸡可以在伞下自由出入。控温育雏伞一般用于平面育雏,并要有暖风机、热风炉、煤炉等整体供暖设备配合。

3.降温设备

主要有湿帘降温系统和高压喷雾系统。

湿帘降温系统。湿帘降温系统由纸质波纹多孔湿帘、低压大流量节能风机、水循环系统及控制装置组成。由于湿帘的蒸发吸热,使得通过湿帘进入舍内的空气温度降低,一般可降低舍温3~6℃。这个系统防暑降温效果比较理想。

高压喷雾系统。由泵组、水箱、过滤器、输水管、喷头组件、管路及自动控制器组成。当肉鸡舍温度高于设定温度时,温度传感器将信号传给控制装置,自动接通电路,驱动水泵,水流被加压,经过滤器进入舍内管路,喷头开始喷雾,约喷雾2分钟间歇15~20分钟后再喷雾2分钟,如此循环。在舍内湿度70%时,舍温可降低3~4℃。

4.光照控制设备

较先进的光照控制设备是24小时可编程光照程序控制器。该控制器可自由设置程序,能完全模拟自然光照,渐明、渐暗时间大约30分钟,对鸡群无应激。一般用于全密闭鸡舍自动控制光照过程。要经常检查定时钟的准确性, 及时更换电池, 保证光照程序正常。要求每15～20平方米的面积设1个灯头, 备用15瓦和40瓦的灯泡各1个。每千只鸡配备8个灯头, 需备用15瓦和40瓦灯泡各8个。

### (三) 其他设备

#### 1. 断喙器

其工作原理是借助灼热的刀片快速切去鸡喙的一部分, 灼烧组织防止流血。目前国内使用的断喙器有自动式和脚踏式两种。其主要工作部件是电热刀片, 好的产品由耐高温稀有金属制成, 一般断喙器有大、中、小三个不同的孔径, 供对不同日龄鸡只断喙时选用。

#### 2. 高压冲洗消毒器

用于墙壁、地面和设备的冲洗、消毒, 由小车、水箱、加压泵、水管和高压喷枪组成。通过旋转高压喷枪的喷头可调节雾粒大小。雾粒大时可形成水柱, 具有很大的冲力, 用于冲洗; 雾粒小时可形成水雾, 用于消毒或喷雾降温。

#### 3. 自动喷雾消毒器

主要用于肉鸡舍内部大面积消毒和进出人员、车辆的消毒, 由固定水管、喷头、压缩泵和药液箱组成。用于舍内消毒或带鸡消毒时, 可在肉鸡舍顶部装设几排水管, 每隔一定距离装设一个喷头; 用于车辆消毒时, 可在不同位置装设多个喷头, 以便对车辆进行全面整体消毒。

#### 4. 火焰消毒器

由手压式喷雾器、输油管总成、喷火器和火焰喷嘴组成, 使用煤油或柴油做燃料。主要用于舍内地面、墙壁、金属笼网的消毒。

# 第五章　肉鸡常用饲料和配方实例

在商品肉鸡生产中, 饲料费用约占生产成本70%, 饲料价格的高低直接影响肉鸡养殖成本, 饲料质量水平又关系到肉鸡生产潜力的发挥和产品质量安全。因此, 饲料的质量和成本对肉鸡养殖至关重要。

## 一、肉鸡所需营养物质

为满足正常生长发育, 肉鸡需要能量、蛋白、脂肪、矿物质、维生素和水等多种营养物质。

### (一)能量的需要

能量是维持机体正常体温调节、运动、呼吸, 以及新陈代谢、生长发育等生命活动所必需的营养物质。能量主要来源于饲料中的碳水化合物和脂肪。饲料中各种营养物质的热能总值称为饲料总能, 饲料总能减去粪能为消化能, 消化能减去尿能和产生气体的能量后就是代谢能。在一般情况下, 由于鸡的粪尿排出时混在一起, 因而生产中只能测定饲料的代谢能, 而不能直接测定其消化能, 所以鸡饲料中的能量都以代谢能来表示, 其单位是兆焦/千克(曾用兆卡/千克, 1兆卡=4.184兆焦)。

肉鸡生长速度很快, 7周龄左右即可上市, 平均体重2千克以上, 一般饲喂高能量日粮, 以充分发挥其生长速度。如果能量摄入不足, 肉鸡增重速度下降。但值得注意的是: 肉仔鸡日粮能量水平过高, 生长速度过快, 往往产生不良影响, 尤其在饲养管理条件差、通风不良的情况下, 易发生猝死症和腹水症。因此, 在生产中要根据饲料原料和成本等具体情况, 选择适当的能量水平。

(二)蛋白质和氨基酸的需要

蛋白质是生命的基础, 是构成体细胞的原生质, 各种酶、激素和抗体的基本成分, 也是鸡肉的最主要组分。饲料中的蛋白质含量不足, 会严重影响肉鸡的增重, 降低饲料报酬。日粮蛋白质的质量高低是由氨基酸的种类及其比例所决定的, 氨基酸平衡是指日粮中各种必需氨基酸在数量和比例上同动物特定需要量相符合, 即供给与需要之间是平衡的, 一般是指与最佳生产水平的需要量相平衡。日粮中氨基酸平衡, 蛋白质营养价值就高; 否则蛋白质的营养价值就低, 利用率就差。其中机体内不能合成或合成速度较慢, 不能满足机体需要, 需由饲料中供给的氨基酸称为必需氨基酸。肉鸡必需氨基酸有13种, 其中最重要的限制性氨基酸是蛋氨酸和赖氨酸。配合氨基酸平衡的日粮可适量降低蛋白质比例, 这样可降低鸡粪中硫化氢和氮的含量, 减轻对环境的污染。另外, 还必须注意日粮蛋白质水平与代谢能间的平衡, 若代谢能不足, 蛋白质过多, 多余的蛋白质转化为能量, 造成蛋白质浪费, 增加饲料成本, 严重的还会造成蛋白质中毒。当日粮代谢能为13.39兆焦/千克时, 肉仔鸡三个饲养阶段的日粮蛋白含量分别为23%, 20%和18%。

(三)矿物质的需要

矿物质在机体内的含量很少(3%~4%), 但对肉鸡的生长发育具有重要作用。肉鸡需要补充的常量元素(机体内含量在0.01%以上)主要有钙、磷、氯、钠, 微量元素(机体内含量在0.01%以下)主要有铁、铜、锌、锰、碘、钴、硒等。饲料中每种矿物质不足或超标, 都会对肉鸡的生长或品质造成不良影响。

钙和磷: 钙和磷是鸡骨骼中主要的组成成分, 也是鸡需要最多的两种矿物质。日粮中钙的含量过多或太少对鸡的健康生长都有不良影响。缺钙会发生软骨症，但过量也会影响鸡的生长和对锰、锌的吸收。磷除与钙结合存在于骨组织外，对碳水化合物和脂肪的代谢以及维持机体的酸碱平衡也很重要。肉鸡缺磷时，食欲减退，生长缓慢，严重时关节硬化，骨脆易碎。肉鸡对植物饲料中的磷吸收利用率低，30%左右可被利用，生产中通常以添加植酸酶来提高植酸磷的利用率；对于动物源性磷、矿物磷基本可吸收。此外，饲料中的钙和磷必须按适当比例配合才能被机体吸收利用，一般肉仔鸡钙与磷的比例应为1.5∶1~2∶1。

　　氯和钠：通常以食盐的方式供给。其主要作用是维持体内酸碱平衡；保持细胞与血液间渗透压的平衡；形成胃液和胃酸，激活消化酶，促进脂肪和蛋白质的消化；改善饲料的适口性，提高食欲和饲料利用率等。缺乏时会引起鸡食欲不振，发育不良；过量会引起食盐中毒。因此，添加食盐用量必须准确，肉鸡对食盐的需要量为日粮的0.3%~0.5%。氯和钠在植物性饲料中含量少，动物性饲料中含量多，尤其鱼粉等海产资源食盐含量高。

　　铁：是血红蛋白的重要组成成分，还是多种辅酶的成分。缺铁时肉鸡食欲不振，生长不良，贫血，羽毛蓬乱；铁过多可引起营养障碍，降低磷的吸收率，体重下降，还可使鸡出现佝偻病。

　　铜：参加血红蛋白的合成及某些氧化酶的合成和激活。肉鸡缺铜时会发生贫血，生长缓慢，羽毛退色，生长异常，胃肠机能障碍，骨骼发育异常，跛行，骨脆易断，骨端软组织粗大等。在日粮中铜过多亦可引起雏鸡生长受阻，肌肉营养障碍，肌胃糜烂甚至死亡。

　　锌：是许多酶不可缺少的成分，它能加速二氧化碳排出体外，促进胃酸、骨骼形成，增强维生素的作用，提高机体对蛋白质、糖和脂肪的吸收。缺锌时，雏鸡生长缓慢，腿骨短粗、踝关节肿大，皮肤粗糙并起鳞片,羽毛生长受阻并易磨损脱落。

锰:是与碳水化合物和脂肪代谢有关的多种酶的激活剂,也是骨骼生长所必需的。缺锰时雏鸡的跗关节明显肿大、畸形,腿骨粗短,跖骨远端和近端扭转弯曲。

钴:是合成维生素$B_{12}$的主要元素,能促进血红素的形成,预防贫血病,提高饲料中氮的利用率,促进磷在骨骼中的蓄积,加速雏鸡的生长发育。

碘:是甲状腺素的组成成分。甲状腺素能提高蛋白质、糖和脂肪的利用率,促进雏鸡的生长发育,对造血、血液循环及抵抗传染病等有显著作用。缺碘时可以引起甲状腺肿大,基础代谢和活力下降,雏鸡生长受阻,羽毛生长不良。沿海地区不缺碘,但在某些山区常常缺碘。

硒:是最容易缺乏的微量元素之一。我国东北等一些地区土壤中缺硒,出产的饲料中也缺硒。缺硒时,肉鸡表现的症状是血管通透性差,心肌损伤,心包积水,心脏变大。亚硒酸钠和硒酸钠都是优质的补硒原料,但硒酸钠毒性大,必须严格控制添加量。

### (四)维生素的需要

维生素是维持肉鸡生长发育、新陈代谢必不可少的物质,虽然需要仅占日粮的百万分之一以下,但其营养价值不亚于蛋白质、能量和矿物质等。维生素有脂溶性和水溶性两大类。脂溶性维生素包括维生素A、维生素D、维生素E、维生素K,水溶性维生素包括维生素$B_1$、维生素$B_2$、烟酸、泛酸、胆碱、维生素$B_6$、维生素$B_{12}$、生物素、叶酸、维生素C等。当维生素不足时,会引起相应的缺乏症,造成代谢紊乱,影响肉鸡的健康生长,严重的引起肉鸡死亡。此外,肉鸡在转群、拥挤、预防接种、高温、潮湿、运输等应激条件下,对某些维生素的需要量成倍增长。因此,在生产中要根据具体情况来决定给予量。各种维生素的作用如下：

### 1. 维生素A

维生素A是最重要且易缺乏的维生素之一，能保持黏膜的正常功能，促进肉鸡的生长发育，增强对疾病的抵抗能力，保持视力健康。如缺乏维生素A，初生雏鸡出现眼炎或失明，生长肉鸡发育迟缓，体质衰弱，运动机能失调，羽毛蓬松。维生素A易被阳光、热、酸、氧化等因素破坏，要现配现用。青饲料、苜蓿、胡萝卜等含有丰富的维生素A。

### 2. 维生素D

维生素D与钙、磷代谢有关，缺乏维生素D时，会产生软骨症、软喙和腿骨弯曲。肉鸡体内的7-脱氢胆固醇经紫外线照射后产生维生素$D_3$，舍饲的肉仔鸡缺乏阳光照射时，容易出现维生素$D_3$缺乏症，在饲养中应根据情况补充。日晒的干草、青饲料中富含维生素$D_3$。

### 3. 维生素$B_1$

维生素$B_1$又名硫胺素，是构成消化酶的主要成分，能防止神经机能失调和多发性神经炎。缺乏时，肉仔鸡神经机能受影响，食欲减退，羽毛松乱无光泽，体重下降，严重时腿、翅、颈发生痉挛。维生素$B_1$在糠麸、青饲料、胚芽、草粉、豆类、发酵饲料和酵母粉中含量丰富。

### 4. 维生素$B_2$

维生素$B_2$又名核黄素，在体内氧化还原、调节细胞呼吸过程中起重要作用。不足时，肉仔鸡生长发育不良、软腿、关节触地走路、趾向内侧卷曲。青饲料、干草粉、酵母、鱼粉、小麦及糠麸中富含维生素$B_2$，禾谷类、豆类、块根块茎饲料中含量少。地面平养肉仔鸡也可从粪便中采食到一定数量的维生素$B_2$。

### 5. 泛酸

泛酸是辅酶A的组成部分，与碳水化合物、脂肪和蛋白质代谢有关。缺乏时，肉仔鸡生长受阻，羽毛粗糙，骨变短粗，发炎，口角有局限性损伤。泛酸与维生素$B_2$的利用有关，一种缺乏时，另一种需要量增加。泛酸很不稳定，与饲料混合时易受破坏，所以常用泛酸钙做添加剂。糠麸、小麦、青饲料、花生饼、酵母中泛酸含量较多，玉米中含量较低。

6. 烟酸

烟酸是抗癞皮病维生素，是维持皮肤和消化道机能所必需。饲料中缺乏时，会降低机体新陈代谢，口腔发炎，采食量减少，肉仔鸡生长停止，羽毛发育不良，生长不丰满，有时脚和皮肤呈现鳞状皮炎。烟酸在酵母、豆类、糠麸、鱼粉中含量丰富，在玉米、高粱、禾谷类籽实中烟酸呈结合状态，很难被利用。

7. 胆碱

胆碱是构成卵磷脂的成分，它能帮助血液里脂肪的转移，有节约蛋氨酸，促生长，减少脂肪在肝脏中沉积的作用。缺乏时，肉仔鸡生长缓慢，发生腿关节肿大，且易造成脂肪肝。鱼粉、饲料酵母、豆饼等胆碱含量丰富，玉米中含胆碱少，以玉米为主配合日粮时应注意添加。

8. 叶酸

叶酸对羽毛生长有促进作用，与维生素$B_{12}$共同参与核酸代谢和核蛋白的合成。缺乏时，肉仔鸡生长缓慢，羽毛生长不良，贫血，骨短粗，腿骨弯曲。在动植物饲料中叶酸含量都很丰富，一般肉鸡饲料中不会缺乏叶酸。

9. 维生素$B_{12}$

维生素$B_{12}$参与核酸合成、甲基合成、碳水化合物代谢和脂肪代谢，维持血液中谷胱甘肽浓度，有助于提高造血功能，提高日粮中蛋白质的利用率，对肉鸡的生长发育有显著的促进作用。缺乏时，肉仔鸡生长迟缓, 贫血, 饲料利用率低, 食欲不振, 甚至死亡。维生素$B_{12}$在肉骨粉、鱼粉、血粉、羽毛粉等动物性饲料中含量丰富。

10. 生物素

生物素是抗毒性蛋白因子, 参与脂肪和蛋白质代谢, 是多种酶的组成成分, 在肝脏和肾脏中较多。一般饲料中生物素含量比较丰富, 性质稳定, 肉鸡消化道内合成充足, 不易缺乏。当日粮中缺乏时, 肉仔鸡会发生皮炎, 生长缓慢, 羽毛生长不良。

11. 维生素C

维生素C能增强机体免疫力, 促进肠内铁的吸收, 对预防传染病、中毒、出血等有重要作用。缺乏时, 鸡发生坏血病, 生长停滞, 体重减轻, 关节变软, 身体各部位出血、贫血。肉鸡体内具有合成维生素C的能力, 一般情况下不会缺乏, 但鸡处于应激状态下, 对维生素C需求量增加, 应增加日粮或饮水中用量, 提高鸡的抵抗力。维生素C在青绿多汁饲料中含量丰富。

## 二、肉鸡的饲养标准

肉鸡的饲养标准是经过科学实验和生产检验, 制定出的最合理的供给肉鸡营养的标准。生产者可按饲养标准配合饲料, 以达到既充分发挥肉鸡的生产潜力, 又不浪费饲料, 从而取得理想饲养效果的目的。

我国于1986年颁布过肉仔鸡饲养标准, 把肉仔鸡饲养分为两段 (见表5-1), 即0~4周龄、5~8周龄两个阶段。随着养鸡业的发展, 各育种公司根据市场需求, 培育出更具有竞争力的品种, 各品种都制定了各自的饲养标准。生产上很多都是采用美国NRC(美国国家科学研究委员会) 1994版肉鸡饲养标准(见表5-2、表5-3)。

表5-1 中华人民共和国肉仔鸡饲养标准（ZB B 43005-86）

| 营养指标 | 0~4周龄 | 5周龄以上 |
|---|---|---|
| 代谢能（兆焦／千克） | 12.13 | 12.55 |
| 粗蛋白质（%） | 21 | 19 |
| 蛋白能量比（兆焦／克） | 17 | 15 |
| 钙（%） | 1 | 0.9 |
| 总磷（%） | 0.65 | 0.65 |
| 有效磷（%） | 0.45 | 0.4 |
| 食盐（%） | 0.37 | 0.35 |
| 蛋氨酸（%） | 0.45 | 0.36 |
| 蛋氨酸+胱氨酸（%） | 0.84 | 0.68 |
| 赖氨酸（%） | 1.09 | 0.94 |
| 色氨酸（%） | 0.21 | 0.17 |
| 精氨酸（%） | 1.31 | 1.13 |
| 亮氨酸（%） | 1.22 | 1.11 |
| 异亮氨酸（%） | 0.73 | 0.66 |
| 苯丙氨酸（%） | 0.65 | 0.59 |
| 苯丙氨酸+酪氨酸（%） | 1.21 | 1.1 |
| 苏氨酸（%） | 0.73 | 0.69 |
| 缬氨酸（%） | 0.74 | 0.68 |
| 组氨酸（%） | 0.32 | 0.28 |
| 甘氨酸+丝氨酸（%） | 1.36 | 0.94 |
| 维生素A（国际单位／千克） | 2 700 | 2 700 |
| 维生素$D_3$（国际单位／千克） | 400 | 400 |
| 维生素E（国际单位／千克） | 10 | 10 |
| 维生素K（毫克／千克） | 0.5 | 0.5 |
| 硫胺素（毫克／千克） | 1.8 | 1.8 |
| 核黄素（毫克／千克） | 5.5 | 3.6 |
| 泛酸（毫克／千克） | 10 | 10 |
| 烟酸（毫克／千克） | 27 | 27 |
| 吡哆醇（毫克／千克） | 3 | 3 |
| 生物素（毫克／千克） | 0.15 | 0.15 |

续表

| 营养指标 | 0~4周龄 | 5周龄以上 |
|---|---|---|
| 胆碱（毫克／千克） | 1 300 | 850 |
| 叶酸（毫克／千克） | 0.55 | 0.55 |
| 维生素B$_{12}$（毫克／千克） | 0.009 | 0.009 |
| 铜（毫克／千克） | 8 | 8 |
| 碘（毫克／千克） | 0.35 | 0.35 |
| 铁（毫克／千克） | 80 | 80 |
| 锰（毫克／千克） | 60 | 60 |
| 锌（毫克／千克） | 40 | 40 |
| 硒（毫克／千克） | 0.15 | 0.15 |

表5-2　美国NRC（1994）建议的肉用仔鸡日粮中<br>营养需要量（干物质为90%）

| 营养成分 | 单位 | 0~3周 | 3~6周 | 6~8周 |
|---|---|---|---|---|
| 代谢能 | 兆焦／千克 | 13.39 | 13.39 | 13.39 |
| 粗蛋白质 | % | 23 | 20 | 18 |
| 精氨酸 | % | 1.25 | 1.1 | 1 |
| 甘氨酸+丝氨酸 | % | 1.25 | 1.14 | 0.97 |
| 组氨酸 | % | 0.35 | 0.32 | 0.27 |
| 异亮氨酸 | % | 0.8 | 0.73 | 0.62 |
| 亮氨酸 | % | 1.2 | 1.09 | 0.93 |
| 赖氨酸 | % | 1.1 | 1 | 0.85 |
| 蛋氨酸 | % | 0.5 | 0.38 | 0.32 |
| 蛋氨酸+胱氨酸 | % | 0.9 | 0.72 | 0.6 |
| 苯丙氨酸 | % | 0.72 | 0.65 | 0.56 |
| 苯丙氨酸+酪氨酸 | % | 1.34 | 1.22 | 1.04 |
| 脯氨酸 | % | 0.6 | 0.55 | 0.46 |
| 苏氨酸 | % | 0.8 | 0.74 | 0.68 |
| 色氨酸 | % | 0.2 | 0.18 | 0.16 |
| 缬氨酸 | % | 0.9 | 0.82 | 0.7 |

**续表**

| 营养成分 | 单位 | 0-3周 | 3~6周 | 6~8周 |
|---|---|---|---|---|
| 亚油酸 | % | 1 | 1 | 1 |
| 钙 | % | 1 | 0.9 | 0.8 |
| 氯 | % | 0.2 | 0.15 | 0.12 |
| 镁 | % | 600 | 600 | 600 |
| 非植酸磷 | % | 0.45 | 0.3 | 50.3 |
| 钾 | % | 0.3 | 0.3 | 0.3 |
| 钠 | % | 0.2 | 0.15 | 0.12 |
| 铜 | 毫克/千克 | 8 | 8 | 8 |
| 碘 | 毫克/千克 | 0.35 | 0.35 | 0.35 |
| 铁 | 毫克/千克 | 80 | 80 | 80 |
| 锰 | 毫克/千克 | 60 | 60 | 60 |
| 硒 | 毫克/千克 | 0.15 | 0.15 | 0.15 |
| 锌 | 毫克/千克 | 40 | 40 | 40 |
| 维生素A | 国际单位/千克 | 1 500 | 1 500 | 1 500 |
| 维生素$D_3$ | 国际单位/千克 | 200 | 200 | 200 |
| 维生素E | 国际单位/千克 | 10 | 10 | 10 |
| 维生素K | 毫克/千克 | 0.5 | 0.5 | 0.5 |
| 维生素$B_{12}$ | 毫克/千克 | 0.01 | 0.01 | 0.007 |
| 生物素 | 毫克/千克 | 0.15 | 0.15 | 0.12 |
| 胆碱 | 毫克/千克 | 1 300 | 1 000 | 750 |
| 叶酸 | 毫克/千克 | 0.55 | 0.55 | 0.5 |
| 尼克酸 | 毫克/千克 | 35 | 30 | 25 |
| 泛酸 | 毫克/千克 | 10 | 10 | 10 |
| 吡哆醇 | 毫克/千克 | 3.5 | 3.5 | 3 |
| 核黄素 | 毫克/千克 | 3.6 | 3.6 | 3 |
| 硫氨素 | 毫克/千克 | 1.8 | 1.8 | 1.8 |

表5-3 美国NRC（1994）建议的产蛋期肉种鸡
每天营养需要量（干物质为90%）

| 营养素 | 单位 | 需要量 |
|---|---|---|
| 代谢能 | 兆焦 | 1.67~1.88 |
| 蛋白质 | 克 | 19.5 |
| 精氨酸 | 毫克 | 1 110 |
| 组氨酸 | 毫克 | 205 |
| 异亮氨酸 | 毫克 | 850 |
| 亮氨酸 | 毫克 | 1 250 |
| 赖氨酸 | 毫克 | 765 |
| 蛋氨酸 | 毫克 | 450 |
| 蛋氨酸+胱氨酸 | 毫克 | 700 |
| 苯丙氨酸 | 毫克 | 610 |
| 苯丙氨酸+酪氨酸 | 毫克 | 1 112 |
| 苏氨酸 | 毫克 | 720 |
| 色氨酸 | 毫克 | 190 |
| 缬氨酸 | 毫克 | 750 |
| 钙 | 克 | 4 |
| 氯 | 毫克 | 185 |
| 非植酸磷 | 毫克 | 350 |
| 钠 | 毫克 | 150 |
| 生物素 | 微克 | 16 |

### 三、肉鸡常用的饲料原料

从饲料的营养特性来看，肉鸡常用饲料主要有能量饲料、蛋白质饲料、矿物质饲料、饲料添加剂几大类。

（一）能量饲料

按国际上饲料分类的原则，饲料干物质中粗纤维含量小于18%，蛋白质含量小于20%的饲料为能量饲料。能量饲料主要指动、植物油脂和谷物籽实及其加工副产品。能量饲料是供给肉鸡能量的主要来源,在日粮中所占比例为50%~80%。

1. 玉米

玉米是肉鸡生产中使用量最大的原料。玉米含能量高,每千克玉米含代谢能平均为13.8兆焦。蛋白质含量少,为7.2%~9.3%;蛋白质的品质也较差,赖氨酸和色氨酸含量较低,赖氨酸平均含量为0.25%,蛋氨酸平均含量为0.15%。钙少,磷多,但磷的利用率低。玉米中脂肪含量高于其他籽实类饲料,且脂肪中不饱和脂肪酸含量高,因而玉米粉碎后,易酸败变质,不易长期保存。黄玉米中含有较高的胡萝卜素和叶黄素,有利于肉鸡皮肤和脚、喙的着色。一般玉米占日粮的40%~65%。

2. 高粱

去皮高粱代谢能含量和玉米相近,蛋白质含量因品种不同差异比较大,平均为10%左右,精氨酸、赖氨酸、蛋氨酸的含量略低于玉米,色氨酸和苏氨酸含量略高于玉米。含胡萝卜素少,B族维生素含量与玉米相似,烟酸含量较多,但利用率低。高粱中含有鞣酸,使高粱味道发涩,适口性差,降低了能量和氨基酸的利用率。鞣酸一般在高粱种皮中含量较高,并因品种而异,颜色深的高粱鞣酸含量高。一般高粱在配合饲料中的用量为5%~15%,低鞣酸高粱的用量可多一些,高鞣酸高粱的用量可少些。

3. 小麦

小麦能量含量与玉米相近,蛋白质含量高于玉米,约为13%,氨基酸组成比玉米好,B族维生素含量丰富。小麦主要用于人类食物,很少直接用作饲料。用在肉鸡饲料中,一般占日粮的10%~30%。

4. 大麦

大麦能量含量低于小麦,蛋白质含量为12%~13%,赖氨酸、蛋氨酸、色氨酸含量高于玉米,钙、磷含量与玉米相似,胡萝卜素和维生素很少, 维生素$B_1$、烟酸含量丰富, 核黄素少。大麦有坚硬的外壳, 粗纤维含量高达8%。肉鸡对大麦消化利用率较低, 用量一般占日粮的10%~20%。

5. 小米

小米含能量与玉米相近, 蛋白质含量高于玉米, 适口性好。

6. 糙大米

稻谷去外壳后为糙大米, 能量和消化率与玉米相似, 蛋白质含量略高于玉米, 适口性好。

7. 小麦麸

小麦麸是加工面粉过程中的副产品, 营养价值因加工工艺而不同。粗纤维含量为8%~12%, 平均10%; 无氮浸出物约为58%, 每千克小麦麸含代谢能6.56~6.90兆焦。粗蛋白质含量为13%~15%, 赖氨酸含量较高, 约为0.67%, 蛋氨酸含量低, 约为0.11%。B族维生素含量丰富。麸皮中磷含量很高, 约为1%。麸皮具有比重轻、体积大的特点, 且具有轻泻作用。一般占日粮的5%~15%。

8. 米糠

米糠是加工大米过程中的副产品, 米糠中不含有稻壳。粗灰分含量为8%~10%, 粗纤维为6%~7%, 无氮浸出物小于50%, 蛋白质含量为13%, 粗脂肪含量为15%~16%, 代谢能为10.67兆焦/千克。米糠中脂肪含量高, 且不饱和脂肪酸比例高, 因此米糠也易酸败变质, 不易贮藏。肉鸡日粮不易使用太多, 可占日粮的5%~10%。

9. 脂肪

脂肪分为动物性脂肪和植物性油脂两种。动物性脂肪用作饲料的有牛、羊、猪、禽脂肪, 植物性油脂包括玉米油、花生油、葵花油、豆油等。植物性油脂的代谢能为34.3~36.8兆焦/千克, 动物性脂肪的代谢能为29.7~35.6兆焦/千克。肉鸡饲料中经常要添加油脂, 以提高饲料能量浓度。日粮中用量可用到2%~5%。油脂易氧化酸败，影响饲料适口性，降低品质，应合理使用。

（二）蛋白质饲料

蛋白质饲料是指蛋白质含量在20%以上，粗纤维含量少于18%的饲料，包括植物性蛋白质饲料和动物性蛋白质饲料。

1. 植物性蛋白质饲料

（1）大豆饼粕。大豆饼粕是大豆籽实提取油后的残渣，通过压榨法提取油后的副产品叫"饼"，通过溶剂浸提或先压榨后浸提油后的副产品称为"粕"。饼中含油量高，为5%~8%；粕中含油量低，一般小于1%。饼中蛋白质含量比粕中低。大豆饼粕是肉鸡最主要的植物性蛋白质饲料，含蛋白质40%~45%，品质较好，赖氨酸含量高，约为2.5%，蛋氨酸含量相对较低。生的大豆饼粕中含有抗营养因子，如抗胰蛋白酶因子，它可抑制胰蛋白酶活性，直接影响蛋白质的消化利用。抗胰蛋白酶因子能被热破坏，因此要注意大豆饼粕的生熟度。加热处理的大豆饼粕适口性好，氨基酸利用率高于其他饼粕饲料。

（2）棉籽饼粕。棉籽经脱壳、压榨或浸提后的残渣叫棉仁饼粕，带壳压榨或浸提后的残渣叫棉籽饼粕。棉籽饼粕含粗蛋白质17%~28%，氨基酸组成差，利用率低，典型特点是赖氨酸含量低，为1.3%~1.5%，精氨酸含量高，为3.6%~3.8%，而且蛋氨酸的含量也比较低，使用时应注意氨基酸的平衡；粗纤维含量为11%~20%。棉籽饼粕中含对肉鸡健康有害的物质游离棉酚和环丙烯类脂肪酸，摄食过量或时间过长，会导致中毒。动物表现为生长受阻，生产性能下降，贫血，呼吸困难，繁殖力下降，甚至不育，严重时发生死亡。尤其是产蛋鸡更为敏感。鸡的日粮棉酚临界值是100毫克/千克，应用时要控制其在配合饲料中的使用量，一般用量为3%~7%。

（3）菜籽饼粕。菜籽饼粕是菜籽榨油后的残渣。蛋白质含量为33%~38%，氨基酸利用率低，适口性差。氨基酸组成特点是蛋氨酸含量高，达0.6%左右；精氨酸含量低，是饼粕饲料中最低者。含硒量是常用饲料的最高者，高达1毫克／千克。另外，菜籽饼粕中含有硫葡萄糖苷，水解后产生异硫氰酸盐和恶唑烷硫铜，这两种物质对肉鸡有危害作用。恶唑烷硫铜可引起甲状腺肿，而且营养物质利用率下降，肉鸡生长和繁殖能力下降。饲喂时应注意使用量，一般在配合饲料中可用到3%~10%。

（4）花生饼粕。花生饼粕是花生仁榨油后的残渣。蛋白质含量为42%~48%，蛋白质品质差，赖氨酸和蛋氨酸含量低，精氨酸和组氨酸含量高，不宜做肉鸡唯一的蛋白质饲料。适口性好，肉鸡喜食。花生饼粕在贮藏过程中易发霉，使用中要特别注意。

（5）葵花仁饼粕。葵花仁饼粕是葵花仁榨油后的残渣。优质葵花仁饼粕含粗蛋白质40%以上，粗脂肪5%以下，粗纤维小于10%，B族维生素含量较高。在配合饲料中的用量为10%~20%。

2. 动物性蛋白质饲料

（1）鱼粉。鱼粉是肉鸡生产中重要的动物性蛋白饲料。蛋白质含量高，优质鱼粉可达到60%以上。氨基酸组成好，消化率高，富含钙、磷，B族维生素含量丰富，其中维生素$B_{12}$含量很高，微量元素硒含量也很高。使用鱼粉时要注意盐的含量和沙门氏菌污染。由于鱼粉用量过高可使鸡肉产生腥味，所以日粮中用量不宜超过10%。

（2）蚕蛹粉。蚕蛹粉是蚕蛹干燥粉碎后的产品。营养物质含量与脂肪含量有关，一般含蛋白质53%~68%，粗脂肪8%~22%，赖氨酸、蛋氨酸含量高，含有丰富的维生素。在肉鸡配合饲料中可占5%左右。

（3）肉粉和肉骨粉。肉粉是屠宰场不能供人食用的废弃胴体、内脏等加工后的产品。由于组成成分的差异,营养物质含量不同,蛋白质含量在50%左右。肉骨粉是用动物杂骨、下脚料、废弃物经高温处理、干燥和粉碎加工后的粉状物,含蛋白质20%~26%,钙、磷含量高。在配合饲料中用量为5%左右。

(4)血粉。血粉是屠宰家畜所得血液经干燥后制成的产品。粗蛋白质含量80%以上,赖氨酸含量高,缺乏蛋氨酸和异亮氨酸。血粉适口性差,消化率低,在配合饲料中用量为1%~3%。经膨化处理后的血粉,其消化率比较高。

(5)羽毛粉。利用屠宰家禽所得清洁而未腐败的羽毛,经加热、加压使羽毛水解转变为可利用的产品。粗蛋白质含量为83%以上,蛋白品质差,氨基酸利用率低,胱氨酸含量高。羽毛粉适口性差,在配合饲料中要控制使用。一般用量为1%~3%。

(三)矿物质饲料

1. 骨粉

骨粉是动物杂骨经脱脂、脱胶、干燥和粉碎加工后制成的粉状物。骨粉中含有丰富的钙和磷,一般含磷13%~15%,含钙31%~32%。饲料中添加骨粉主要用于补充钙、磷不足。

2. 磷酸氢钙、磷酸钙、过磷酸钙

在肉鸡饲料中广泛应用,磷酸氢钙含磷18%,钙23.2%,磷酸钙含磷20%,钙38.7%,过磷酸钙含磷24.6%,钙15.9%,这类饲料既补充磷又补充钙。使用磷酸盐矿物质饲料要注意氟含量,以不超过0.2%为宜,否则容易引起肉鸡氟中毒;同时要注意重金属含量不要超标。

3. 石粉、贝壳粉

石粉与贝壳粉是常用的含钙饲料,石粉含钙34%~38%,贝壳粉含钙38%。

**4. 食盐**

食盐主要用于补充肉鸡体内的钠和氯，注意不要补充过量，否则会引起中毒。一般用量为0.3%～0.5%。

**（四）饲料添加剂**

饲料添加剂是为了满足肉鸡的某种特殊需要，采用多种不同方法添加到饲料中的少量或微量的营养性和非营养性物质。主要作用包括提高饲料利用率，改善日粮的适口性，促进肉鸡生长发育，防治某些疾病，减少饲料贮藏期间营养物质的损失或改进产品品质等。饲料添加剂是配合饲料的核心物质。

**1. 微量元素添加剂**

肉鸡日粮中必须添加微量元素来满足其生长发育的需要。在饲料中添加微量元素时，不仅要考虑肉鸡的需要量，还要了解各地区微量元素分布特点和所用饲料中各种微量元素的含量，然后才能确定日粮中的添加量，以防中毒。常用的微量元素添加剂原料有硫酸盐类、碳酸盐类、氧化物、氯化物和有机化合物等。在选用这些原料时，应首先了解微量元素化合物的活性成分含量、可利用性等。常用微量元素化合物及其元素含量见表5-4。

表5-4 常用微量元素化合物及其元素含量

| 化合物 | | 元素 | | 性状 |
|---|---|---|---|---|
| 名称 | 纯度（%） | 元素名称 | 含量（%） | |
| 硫酸铜<br>（$CuSO_4 \cdot 5H_2O$） | ≥98.5 | Cu | ≥25.0 | 淡蓝色结晶性粉末 |
| 硫酸镁<br>（$MgSO_4 \cdot 7H_2O$） | ≥99.0 | Mg | ≥9.7 | 无色结晶或白色粉末 |
| 硫酸锌<br>（$ZnSO_4 \cdot 7H_2O$） | ≥98.0 | Zn | ≥35.0 | 无色结晶性粉末 |

**续表**

| 化合物 | | 元素 | | 性状 |
| --- | --- | --- | --- | --- |
| 名称 | 纯度（%） | 元素名称 | 含量（%） | |
| 硫酸锌（$ZnSO_4 \cdot H_2O$） | ≥99.0 | Zn | ≥22.5 | 白色粉末 |
| 硫酸亚铁（$FeSO_4 \cdot 7H_2O$） | ≥98.0 | Fe | ≥19.68 | 浅绿色结晶 |
| 硫酸锰（$MnSO_4 \cdot H_2O$） | ≥98.0 | Mn | ≥31.8 | 白色或略带粉红色结晶 |
| 亚硒酸钠（$Na_2SeO_3$） | ≥98.0 | Se | ≥44.7 | 无色结晶粉末 |
| 氯化钴（$CoCl_2 \cdot 6H_2O$） | ≥98.0 | Co | ≥24.3 | 红色或红紫色结晶 |
| 碘化钾（KI） | ≥99.0 | I | ≥75.7 | 白色结晶 |
| 轻质碳酸钙（$CaCO_3$） | ≥98.3 | Ca | ≥39.2 | 白色粉末 |
| 碳酸氢钙（$CaHCO_4 \cdot 2H_2O$） | | Ca<br>P | ≥21.0<br>≥16.0 | 白色粉末 |

### 2. 维生素添加剂

维生素添加剂包括脂溶性和水溶性两种,它们分别以不同的维生素为活性成分,再加上载体或稀释剂混合而成。与其他饲料成分相比,维生素的稳定性较差,对氧化剂、还原剂、水分、热、光、金属离子、酸碱度等均具有不同程度的敏感性。在使用维生素时,不但要按其活性成分进行折算,而且应该考虑加工和贮藏中的损失,适当超量添加。常用维生素添加剂的特性及含量见表5–5。

表5-5 常用维生素添加剂的特性及含量

| 名称 | 外观性状及稳定性 | 含量 |
|---|---|---|
| 维生素A乙酸酯 | 灰黄色至淡褐色颗粒，易吸湿，遇热、见光或吸湿后分解 | 50万国际单位/克 |
| 维生素$D_3$ | 米黄色或黄棕色颗粒，遇热、见光或吸潮后易分解、降解 | 10~50国际单位/克 |
| 维生素E | 乙酸酯类白色或淡黄色粉末，易吸湿 | 50% |
| 维生素$K_3$（亚硫酸氢钠甲萘醌） | 白色或灰黄褐色结晶性粉末，无臭或微有特臭，有吸湿性，遇光易分解 | 25%~50% |
| 维生素$B_1$（盐酸硫胺或硝酸硫胺） | 白色或微黄色结晶粉末，微臭，味苦，干燥品在空气中迅速吸收约4%水分 | 96%~98% |
| 维生素$B_2$（核黄素） | 黄色或橙黄色结晶粉末，微臭，味微苦，溶液易变质，碱性溶液中遇光变质更快 | 96% |
| 维生素$B_6$ | 白色或微黄色结晶粉末，无臭，味酸苦，遇光渐变质 | 98% |
| D泛酸钙 | 类白色粉末，无臭，味酸苦，有吸湿性 | 98% |
| 烟酸 | 白色或微黄色结晶粉末，无臭或微臭，味微酸或味苦 | 98%~99.5% |
| 烟酰胺 | 白色或微黄色结晶粉末，无臭或微臭，味苦 | 98%~99.5% |
| 叶酸 | 黄色或橙黄色结晶粉末，无臭无味 | 97% |
| 维生素$B_{12}$ | 浅红至橙色细微粉末，有吸湿性 | 0.1%~1% |
| 氯化胆碱水溶液 | 无色液体 | 70%~78% |
| 氯化胆碱粉剂 | 白色到褐色粉末 | 50% |
| 抗坏血酸 | 白色或类白色结晶粉末，无臭，味酸，久置渐变微黄色 | 99% |

3. 氨基酸添加剂

（1）蛋氨酸。商品蛋氨酸添加剂为DL–蛋氨酸，纯度为98%。含氮量为9.4%，粗蛋白质含量为58.6%，代谢能为21兆焦／千克。蛋氨酸羟基类似物，活性为70%～80%。

（2）赖氨酸。商品添加剂为L–赖氨酸盐酸盐，纯度为98%，其中含赖氨酸78%。L–赖氨酸盐酸盐含氮量为15.3%，粗蛋白质95.8%，代谢能16.7兆焦／千克。

4. 药物性添加剂

为了维护肉鸡的健康，发挥肉鸡的最大生产潜力，在肉鸡饲料中可添加各种药物性添加剂，这是保证肉鸡生产效益的常用措施，因为药物性添加剂对肉鸡生长和健康有良好的效果。同时，添加药物性添加剂会带来一些食品安全问题。抗生素类添加剂如金霉素、土霉素、黄霉素、泰乐菌素等，抗球虫添加剂如盐霉素、莫能菌素、杜拉霉素等，这类添加剂的使用要注意使用量和休药期，尽量避免产生抗药性和耐药性的问题。

5. 酶制剂

酶是动物、植物体合成的具有特殊功能的蛋白质，是促进蛋白质、脂肪、碳水化合物消化的催化剂，并参与体内各种代谢过程的生化反应。在肉鸡饲料中添加酶制剂，可提高营养物质的消化率。目前，在生产中应用的有单一酶和复合酶。单一酶制剂，如淀粉酶、脂肪酶、纤维素酶和植酸酶等。复合酶制剂是由一种或几种单一酶制剂为主体，加上其他单一酶制剂混合而成，或者由一种或几种微生物发酵获得。复合酶制剂可以同时降解饲料中多种需要分解的底物（多种抗营养因子和多种养分），可最大限度地提高饲料的营养价值。

国内外饲料酶制剂产品主要是复合酶制剂。如以蛋白酶、淀粉酶为主的饲用复合酶，此类酶制剂主要用于补充动物内源酶的不足；以葡聚糖酶为主的饲用复合酶，此类酶制剂主要用于以大麦、燕麦为主原料的饲料；以纤维素酶、果胶酶为主的饲用复合酶，主要作用是破坏植物细胞壁，把细胞中的营养物质释放出来，易于被消化酶作用，促进消化吸收，并能消除饲料中的抗营养因子，降低胃肠道内容物的浓稠度，促进动物的消化吸收；以纤维酶、蛋白酶、淀粉酶、糖化酶、葡聚糖酶、果胶酶为主的饲用复合酶，此类酶综合以上各酶的共同作用，具有更强的助消化作用。

特别要提到的是植酸酶。现代化养殖业、饲料工作最缺乏的常量矿物质营养元素是磷，但豆粕、棉粕、菜粕和玉米、麸皮等饲料中的磷化合物却有70%为植酸而不能被鸡利用，白白地随粪便排出体外。这不仅造成资源的浪费，污染环境，而且由于植酸在动物消化道内以抗营养因子存在，导致影响钙、镁、钾、铁等阳离子以及蛋白质、淀粉、脂肪、维生素的吸收。植酸酶能将植酸水解，释放出可被吸收的有效磷，这不但消除了抗营养因子，增加了有效磷，而且还提高了被拮抗的其他营养素的吸收利用率。

6. 饲料保存剂

饲料保存剂包括抗氧化剂和防霉剂。饲料粉碎后营养物质易受到氧化和霉菌污染，使饲料利用率下降，而且还会产生对肉鸡有害的物质。因此，要在饲料中添加抗氧化剂和防霉剂。

（1）抗氧化剂。抗氧化剂是指具有抵抗氧化作用能力的物质，能使健康细胞免受自由基的伤害。饲料中的维生素A、维生素D、维生素E、维生素K、胡萝卜素和脂肪，以及鱼粉、肉骨粉、血粉、羽毛粉等营养成分是极易氧化的组分，在饲料的生产、运输和贮存过程中，会因氧化而影响饲料的食效和适口性，甚至引起家畜中毒、死亡，因此需要添加抗氧化剂。

常用的抗氧化剂有乙氧喹、二丁基羟基甲苯、丁基羟基茴香醚、没食子酸丙酯等。

乙氧喹：又称抗氧喹，为玻珀色至浅褐色黏稠液体，长期储存或暴露于日光下色泽逐渐变深。可溶于多种有机溶剂和各种油脂，但不溶于水。具有很强的扩散性和渗透性，极易与其他组分混匀。将其加工成粉剂或乳油，同样能发挥特性。乙氧喹是国内外使用较广泛的饲料抗氧化剂。

二丁基羟基甲苯：白色结晶，能溶于多种有机溶剂和油脂，不溶于水和甘油。由于价格低廉，也是饲料中常用的抗氧化剂之一。

丁基羟基茴香醚：为白色或黄色蜡样片状结晶或粉末，可溶于多种溶剂和油脂，在弱碱性条件下不易破坏。虽然抗氧化效果优于二丁基羟基甲苯，但由于价格昂贵，通常在复合抗氧化剂中使用量少。

没食子酸丙酯：浅色结晶性粉末或乳白色针状结晶，能溶于多种有机溶剂，但难溶于氯仿、脂肪和水。由于价高和溶解度差，仅在复合抗氧化剂中少量使用，是一种安全性较高的抗氧化剂。

复合抗氧化剂：合理配伍的复合抗氧化剂，能明显提高抗氧性能。复合抗氧化剂主要有鲜灵、保乐鲜、抗氧安、克氧、速氧服、抗氧灵等，一般为乙氧喹、二丁基羟基甲苯、丁基羟基茴香醚、没食子酸丙酯、柠檬酸等按一定比例混合制成。其使用安全性均高于单一品种的抗氧化剂，但价格相对较高。

（2）饲料防霉剂。饲料防霉剂是指具有防止饲料发霉腐败变质并延长贮存时间的饲料添加剂。防霉剂主要是通过抑制微生物的代谢及生长发挥作用。防霉时间的长短取决于防霉剂浓度的高低。常用的防霉剂有以下几种：

苯甲酸和苯甲酸钠：能非选择性地抑制微生物呼吸酶的活性，

使微生物的代谢受阻碍,从而有效地抑制多种微生物的生长和繁殖,但对动物的生长和繁殖没有不良影响。在饲料中主要使用苯甲酸钠,一般的使用量不超过0.1%。

丙酸及其盐类:丙酸是一种有腐蚀性的有机酸,为无色透明液体,易溶于水。丙酸盐包括丙酸钠、丙酸钙、丙酸钾和丙酸铵。丙酸及丙酸盐类都是酸性防霉剂,具有较广的抗菌谱,对霉菌、真菌、酵母菌等都有一定的抑制作用。其毒性很低,是动物正常代谢的中间产物,各种动物均可使用,是饲料中常用的防霉剂。

富马酸及其酯类:富马酸酯类包括富马酸二甲酯、富马酸二乙酯和富马酸二丁酯等,其中防霉效果较好的为富马酸二甲酯。富马酸及其酯类是酸性防霉剂,抗菌谱较广,并可改善饲料的味道以及提高饲料利用率。一般使用量在0.2%左右。

脱氢乙酸:是一种高效广谱抗菌剂,具有较强的抑制细菌、霉菌及酵母菌发育作用,尤其对霉菌的作用最强,在酸、碱等条件下均具有一定的抗菌作用。脱氢乙酸是一种低毒防霉剂,一般无不良影响,使用量为0.05%左右。

复合型防霉剂:指将两种或两种以上不同的防霉剂配伍混合而成的防霉剂。复合型防霉剂抗菌谱广,应用范围大,防霉效果好且用量小,使用方便,是饲料中较常用的防霉剂品种。

## 四、肉鸡配合饲料的种类

### (一)按营养成分分类

1. 全价配合饲料

这类饲料产品又称为完全配合饲料,可以全部满足饲喂对象的营养需要,用户不必另外添加任何营养性物质就可直接饲喂动物。肉鸡全价配合饲料由能量饲料、蛋白质饲料、常量矿物质、微量元素和维生素饲料原料构成。但是，由于科学技术水平和生产条件的限制，许多"全价配合饲料"难以达到营养上的真正"全价"。因为在日粮配合过程中考虑到的营养指标有限，而且日粮原料中的营养成分不断变化，很难做到所有的营养指标都进行实测，多数采用的是平均值。

2. 浓缩饲料

浓缩饲料主要由三部分原料构成，即蛋白质饲料、常量矿物质饲料（钙、磷、食盐）和添加剂预混合饲料（维生素、微量元素），通常为全价饲料中除去能量饲料的剩余部分。它一般占全价配合饲料的20%~40%。这种饲料加入一定的能量饲料后组成全价料饲喂动物。市场中还有一种浓缩料，全价料中的添加量为10%~20%，其基本成分为添加剂预混料、部分蛋白质饲料及具有特殊功能的物质，使用时需要补充能量饲料和部分蛋白质饲料。

3. 预混合饲料

指由一种或多种添加剂原料与载体或稀释剂搅拌均匀的混合物，又称添加剂预混料或预混料，目的是有利于微量的原料均匀分散于大量的配合饲料中。预混合饲料不能直接饲喂动物，必须与大料混合后饲喂。一般配合比例为0.1%~5%。

（二）按肉鸡生理阶段分类

一般肉仔鸡饲养分为三个阶段，即0~3周龄、3~6周龄、6~8周龄，相应肉仔鸡饲料分为雏鸡料、中雏料、成鸡料三种。

（三）按饲料物理形状分类

肉鸡的饲料按形状可分为粉料、颗粒料和破碎料。

1. 粉料

将日粮中多种饲料原料加工成粉状或适宜的粒度，然后加上各种添加剂混合均匀而成。使用粉料鸡采食慢，吃得均匀，易消化。粉料不宜太粗, 否则肉鸡易挑食, 造成营养不平衡; 也不宜太细, 否则肉鸡不易采食, 适口性差, 特别是高温干燥季节易造成肉鸡采食量减少。

### 2. 颗粒料

把配好的粉状饲料用蒸汽处理后, 通过机械压制, 迅速冷却, 干燥而成。颗粒大小以直径2.5~3毫米为宜。颗粒饲料营养全面, 易消化, 适口性好, 能避免鸡挑食, 保证营养完全。使用颗粒料不但便于储存和运输, 而且鸡舍内粉尘少, 空气好, 同时由于制粒高温杀死一部分病原, 在一定程度上减少了通过饲料传播疾病的机会。这种饲料很适宜于肉仔鸡。

### 3. 破碎料

将颗粒料打碎成屑的一种饲料, 具有颗粒料的优点。饲喂时, 可适当延长采食时间, 多用于商品肉鸡开食; 但加工成本高, 目前使用得不多。

## 五、肉鸡全价配合饲料设计

（一）肉鸡配合饲料的设计原则

### 1. 选择适当的饲养标准

选择饲养标准要结合当地实际情况, 如气候、季节、饲养方式、鸡舍构造、饲养密度、饲料条件、鸡的品种、日龄、出售体重、生长速度、饲料转化率、管理经验等, 并可对饲养标准适当加以调整, 不能生搬硬套。

### 2. 要充分掌握当地的饲料资源及价格

主要原料应尽可能利用当地的饲料资源, 并尽量选择质优价廉者, 以配出质优价廉的全价料。

### 3. 饲料原料的种类

要多种搭配, 避免品种单一, 以保证营养完善。

4. 饲料的体积要小

因为肉鸡要求能量高，营养全面，而鸡的采食量又有限，因此对饲料体积有所要求，最好采用颗粒料。

5. 控制日粮纤维量

肉鸡对粗纤维的消化能力较差，一般比例不能超过5%。

6. 饲料原料的品质和适口性要好

如饲料品质不良或适口性差，即使计算营养成分够，也不能满足肉鸡的营养需要，所以品质不良、霉败、变质的饲料不能用。

7. 混合一定要均匀

特别是维生素、微量元素、药品、氨基酸等添加剂，用量很小，如不混匀，便不能起到应有的作用，有时还会造成危害。

8. 降低成本

在满足营养需求的基础上，尽量降低成本。

（二）饲料配方的设计方法

饲料配方的调整方法有对角线法、试差法、线性代数法和线性规划法等。下面介绍最基础的通过试差法手工调节饲料配方的方法：首先根据经验，初步拟出各种饲料原料的大致比例，然后用各自的比例去乘该原料所含的各种养分的百分含量，再将各种原料的同种养分之积相加，即得到该配方的每种养分的总量。将所得结果与饲养标准进行对照，若有任一养分超过或不足时，可通过增加或减少相应的原料比例进行调整和重新计算，直至所有的营养指标都基本上满足要求为止。

例如：用玉米、麦麸、豆粕、棉籽粕、进口鱼粉、石粉、磷酸氢钙、食盐、维生素预混料和微量元素预混料，配制0～6周龄雏鸡饲粮。

第一步，确定饲养标准。从蛋鸡饲养标准中查得0～6周龄雏鸡饲粮的营养水平为代谢能11.92兆焦／千克，粗蛋白质18%，钙0.8%，总磷0.7%，赖氨酸、蛋氨酸、胱氨酸分别为0.85%，0.3%，0.3%，食盐0.3%。

第二步，根据饲料成分表查出（或直接化验分析得到）所用各种饲料的营养成分含量（见表5-6）。

表5-6　饲料原料中的营养成分含量

| | 代谢能（兆焦／千克） | 粗蛋白（%） | 钙（%） | 磷（%） | 赖氨酸（%） | 蛋氨酸（%） | 胱氨酸（%） |
|---|---|---|---|---|---|---|---|
| 玉米 | 13.47 | 7.8 | 0.02 | 0.27 | 0.23 | 0.15 | 0.15 |
| 麦麸 | 6.82 | 15.7 | 0.11 | 0.92 | 0.58 | 0.13 | 0.26 |
| 豆粕 | 9.83 | 44.0 | 0.33 | 0.62 | 2.66 | 0.62 | 0.68 |
| 棉粕 | 8.49 | 43.5 | 0.28 | 1.04 | 1.97 | 0.58 | 0.68 |
| 鱼粉 | 12.18 | 62.5 | 3.96 | 3.05 | 5.12 | 1.66 | 0.55 |
| 磷酸氢钙 | — | — | 23.30 | 18.00 | — | — | — |
| 石粉 | — | — | 36.00 | — | — | — | — |

第三步，按能量和蛋白质的需求量初拟配方。

根据实践经验，初步拟定饲粮中各种饲料的比例。雏鸡饲粮中各类饲料的比例一般为：能量饲料65%~70%，蛋白质饲料25%~30%，矿物质饲料等3%~3.5%（其中维生素和微量元素预混料一般各为0.5%）。据此先拟定蛋白质饲料用量占饲粮的26%；棉籽粕适口性差并含有毒物质，饲粮中用量有一定限制，可设定为3%；鱼粉价格较贵，一般不希望多用，根据鸡的采食习性，可定为4%；豆粕则可拟定为19%〔26%（总蛋白饲料比例）-3%（棉粕）-4%（鱼粉）〕。矿物质饲料及添加剂等按3%后加。能量饲料中麦麸暂设为7%，玉米则为64%〔100%-3%（矿物质饲料及添加剂）-7%（麦

75

麸）-26%（总蛋白饲料比例）]。计算初拟配方结果，见表5-7。

表5-7　初拟配方

| 饲粮组成(%)① | 代谢能（兆焦／千克） | | 粗蛋白(%) | |
| --- | --- | --- | --- | --- |
| | 饲料原料中② | 饲粮中①×② | 饲料原料中③ | 饲粮中①×③ |
| 玉米 | 64 | 13.47 | 8.621 | 7.8 | 4.99 |
| 麦麸 | 7 | 6.82 | 0.477 | 15.7 | 1.10 |
| 豆粕 | 19 | 9.83 | 1.868 | 44.0 | 8.36 |
| 鱼粉 | 4 | 12.18 | 0.487 | 62.5 | 2.50 |
| 棉籽粕 | 3 | 8.49 | 0.255 | 43.5 | 1.31 |
| 合计 | 97 | | 11.71 | | 18.26 |
| 标准 | | | 11.92 | | 18.00 |

第四步，调整配方，使能量和粗蛋白符合饲养标准规定量。采用方法是降低配方中某一饲料的比例，同时增加另一饲料的比例，二者的增减数相同，即用一定比例的某一种饲料代替另一种饲料。计算时可先求出每代替1%时，饲粮能量和蛋白质改变的程度，然后结合第三步中求出的与标准的差值，计算出应该代替的百分数。

上述配方经计算知，饲粮中代谢能浓度比标准低0.21兆焦／千克，粗蛋白质高0.26%。用能量高和粗蛋白质低的玉米代替麦麸，每代替1%可使能量升高0.066兆焦／千克［即（13.47-6.82）×1%］，粗蛋白质降低0.08%［即（15.7-7.8）×1%］。可见，以3%玉米代替3%麦麸，则饲粮能量和粗蛋白质均与标准接近（分别为11.91兆焦／千克和18.02%），则配方中玉米改为67%，麦麸改为4%。

第五步，计算矿物质饲料和氨基酸用量。

调整后配方的钙、磷、赖氨酸、蛋氨酸含量计算结果见表5-8。

根据配方计算结果可知,饲料中钙比标准低0.554%,磷低0.211%。因磷酸氢钙中含有钙和磷,所以先用磷酸氢钙来满足磷,需磷酸氢钙0.211%÷18%=1.17%。1.17%磷酸氢钙可为饲粮提供钙23.3%×1.17%=0.273%,钙还差0.554%-0.273%=0.28%,可用含钙36%的石粉补充,约需0.28%÷36%=0.78%。

表5-8 配方已满足钙、磷和氨基酸的程度

| 原料 | 饲粮组成<br>(%) | 钙<br>(%) | 磷<br>(%) | 赖氨酸<br>(%) | 蛋氨酸<br>(%) | 胱氨酸<br>(%) |
|---|---|---|---|---|---|---|
| 玉米 | 67 | 0.013 | 0.181 | 0.154 | 0.100 | 0.100 |
| 麦麸 | 4 | 0.004 | 0.037 | 0.023 | 0.005 | 0.010 |
| 豆粕 | 19 | 0.063 | 0.118 | 0.505 | 0.118 | 0.129 |
| 鱼粉 | 4 | 0.158 | 0.122 | 0.205 | 0.066 | 0.022 |
| 棉籽粕 | 3 | 0.008 | 0.031 | 0.059 | 0.017 | 0.020 |
| 合计 | | 0.246 | 0.489 | 0.946 | 0.306 | 0.281 |
| 标准 | | 0.8 | 0.7 | 0.85 | 0.3 | 0.3 |
| 与标准比较 | | −0.554 | −0.211 | 0.096 | 0.006 | −0.019 |

赖氨酸含量超过标准0.1%,说明不需另加赖氨酸;蛋氨酸和胱氨酸比标准低0.013%,可用蛋氨酸添加剂来补充。

食盐用量可设定为0.3%,维生素预混料用量设为0.2%,微量元素预混料用量设为0.5%。

原估计矿物质饲料和添加剂约占饲粮的3%。现根据设定结果,计算各种矿物质饲料和添加剂实际总量:磷酸氢钙+石粉+蛋氨酸+食盐+维生素预混料+微量元素预混料=1.17%+0.78%+0.013%+0.3%+0.2%+0.5%=2.963%,比估计值低0.037%(3%-2.963%=0.037%),可在玉米或麦麸中增加0.037%。一般情况下,在能量饲料调整不大于1%时,对饲粮中能量、粗蛋白等指标引起的变化不大,可

忽略不计。

第六步，列出配方及主要营养指标。

0~6周龄雏鸡饲粮配方及主要营养指标见表5-9。

表5-9　0~6周龄雏鸡饲粮配方及主要营养指标

| 原料 | 配比（%） | 成分 | 含量 |
|---|---|---|---|
| 玉米（%） | 67.037 | 代谢能（兆焦/千克） | 11.91 |
| 麦麸（%） | 4.00 | 粗蛋白质（%） | 18.00 |
| 豆粕（%） | 19.00 | 钙（%） | 0.80 |
| 鱼粉（%） | 4.00 | 磷（%） | 0.70 |
| 棉籽粕（%） | 3.00 | 赖氨酸（%） | 0.85 |
| 石粉（%） | 0.78 | 蛋氨酸+胱氨酸（%） | 0.60 |
| 磷酸氢钙（%） | 1.17 | | |
| 食盐（%） | 0.30 | | |
| 蛋氨酸（%） | 0.013 | | |
| 维生素预混料（%） | 0.20 | | |
| 微量元素预混料（%） | 0.50 | | |
| 合计 | 100.00 | | |

## 六、肉仔鸡典型日粮配方

下面列出几种肉鸡典型三阶段饲料配方，供大家在生产中参考（见表5-10）。第一套配方是典型的玉米、豆粕、鱼粉型日粮，应用普遍，效果较好。第二套配方是应用优质肉骨粉来替代鱼粉，可降低饲养成本，但在应用中切记要选用优质骨粉，并注意平衡氨基酸。第三套配方应用鱼粉量也比较低，并在中后期日粮中适当加入了杂粮，可在一定程度上降低饲养成本，应用中要注意杂粮的质量及氨基酸的平衡。

### 表5-10　肉鸡典型三阶段饲料配方

| 原料 | 第一套配方 | | | 第二套配方 | | | 第三套配方 | | |
| --- | --- | --- | --- | --- | --- | --- | --- | --- | --- |
| | 0~3周 | 4~6周 | 7周 | 0~3周 | 4~6周 | 7周 | 0~3周 | 4~6周 | 7周 |
| 玉米（%） | 55.7 | 58.3 | 62.6 | 55.6 | 58.6 | 63 | 59.4 | 62.77 | 67.83 |
| 豆粕（%） | 31.5 | 28.1 | 22.5 | 31 | 27.5 | 22 | 34.82 | 30.1 | 25.82 |
| 次粉（%） | 4 | 4.5 | 5 | 4 | 4.5 | 5 | | | |
| 豆油（%） | 1.1 | 2.2 | 3.1 | 1.4 | 2.1 | 2.8 | | | |
| 鱼粉（%） | 4 | 3.5 | 3.5 | — | — | — | 1 | 1 | |
| 肉骨粉（%） | — | — | — | 5.4 | 4.7 | 4.7 | | | |
| 棉籽粕（%） | — | — | — | — | — | — | — | 1.88 | 2.0 |
| 石粉（%） | 1.2 | 1.1 | 1.1 | 0.85 | 0.8 | 0.78 | 1.19 | 1.1 | 1.11 |
| 磷酸氢钙（%） | 1.1 | 0.9 | 0.85 | 0.15 | 0.35 | 0.28 | 1.97 | 1.6 | 1.73 |
| 食盐（%） | 0.3 | 0.3 | 0.3 | 0.3 | 0.28 | 0.3 | 0.3 | 0.34 | 0.34 |
| 蛋氨酸（%） | 0.1 | 0.1 | 0.07 | 0.15 | 0.12 | 0.1 | 0.256 | 0.126 | 0.069 |
| 赖氨酸（%） | — | — | — | 0.1 | 0.05 | 0.05 | 0.019 | 0.087 | 0.07 |
| 预混料（%） | 1 | 1 | 1 | 1 | 1 | 1 | 1 | 1 | 1 |
| 代谢能（%） | 11.93 | 12.34 | 12.87 | 11.95 | 12.35 | 12.75 | 11.56 | 11.70 | 11.89 |
| 粗蛋白（%） | 21 | 19.5 | 17.5 | 21 | 19.5 | 17.5 | 20.5 | 19 | 17 |
| 钙（%） | 0.95 | 0.85 | 0.8 | 0.95 | 0.85 | 0.8 | 1.02 | 0.9 | 0.87 |
| 有效磷（%） | 0.46 | 0.42 | 0.4 | 0.46 | 0.42 | 0.4 | 0.51 | 0.45 | 0.43 |

# 第六章 肉仔鸡的饲养管理

## 一、肉仔鸡的生理特点

### (一)代谢旺盛,生长发育快

肉鸡有很高的生产性能,表现为生长迅速,饲料报酬高,周转快。肉鸡在短短的42天,平均体重即可从40克左右长到2 500克以上,7周增长60多倍,而此时的料肉比仅为2∶1左右,即平均消耗1千克料就能长0.5千克体重。这种生长速度和经济效益是其他家畜、家禽所不能比的。

### (二)体温调节能力差

肉鸡对环境的变化比较敏感,对环境的适应能力较弱。刚出壳的雏鸡体温低,约20日龄才接近成鸡体温。羽毛短而稀疏,保温能力差。因此在肉鸡饲养的中前期要做好保温控温工作。肉鸡稍大以后也不耐热,在夏季高温时节,容易因中暑而死亡。因此生长后期为了保证发挥良好的生产性能,也要注意维持最适的环境温度。

### (三)抗病能力弱

肉鸡的快速生长,大部分营养都用于肌肉生长方面,但抗病能力相对较弱,容易发生慢性呼吸道病、大肠杆菌病等一些常见性疾病,必须加强卫生消毒和预防免疫。

### (四)消化能力弱

肉鸡出栏早,大部分时间处于雏鸡阶段,胃肠道容积小,消化机能尚不健全,对食物的消化能力弱,尤其是对纤维素的消化能力特别差。因此,要求肉鸡饲料应做到营养全面,容易消化。

(五)敏感性强

肉仔鸡对周围环境变化敏感,噪音、颜色、生人的进入等都会引起鸡群骚动。因此,保持安静的环境和稳定的饲养管理,对肉鸡生产尤为重要。

## 二、肉仔鸡的饲养方式

### (一)地面平养

肉仔鸡的饲养方式,最普遍的是采用厚垫料地面平养法。这种方法简便易行,投资较少,适合于一般农户。缺点是单位建筑面积的饲养量较少;肉鸡直接接触粪便,容易感染由粪便传播的各种疾病;舍内空气中的尘埃也较多,容易发生慢性呼吸道病和大肠杆菌病等疾病。

地面平养中垫料的选择和管理很重要,良好的垫料应该满足以下要求:比较松软、干燥,有良好的吸水性,灰尘少,无病原微生物污染,无霉变。

常用来做垫料的原料有:

1. 锯末

容易被雏鸡误食,因此在育雏初期一定要将锯末用垫纸封严。

2. 稻壳、花生壳

花生壳比较粗硬,需压制后再用,或仅在中后期使用。

3. 麦秸、稻草秸

必须铡成3~6厘米长的小段,否则肉鸡自身不能翻动,粪便都积在表面,就失去了垫料的作用。

4. 玉米芯

也是较好的垫料,但需打碎后使用。

5.河沙、海沙

要求沙粒稍大些,可在夏季使用,也可铺在一般的垫料下使用。

垫料在鸡舍熏蒸消毒前铺好。进雏前先在垫料上铺上报纸,以便雏鸡活动和防止雏鸡误食垫料。垫料的日常管理不能忽视,在育雏初期要防止垫料过干起灰。垫料含水25%以下时容易起灰,可以用喷消毒药的方法增加垫料湿度。后期要防止垫料过湿结块。此时,一方面要加强通风换气量,另一方面要注意勤翻垫料,及时补充和更换过湿结块的垫料。此外,还要采取措施防止垫料燃烧,注意用火安全。

（二）网上平养

有不少农民采取网上平养的方式饲养肉仔鸡,方法是在架子上铺硬塑料网。其最明显的优点是减少了肉鸡和粪便接触的机会,减少了呼吸道病和大肠杆菌病等疾病的发病率,明显地提高了成功率。缺点是这种方式不太适合肉鸡的后期饲养,只适用于1.75~2千克就出售的肉鸡。由于垫网比较硬,如果肉鸡体重长到2.5千克以上,腿病和胸部囊肿的发生率就比较高。另外,这种饲养方式要求使用较多的料桶和饮水器,鸡稍走几步即能有吃有喝;否则肉鸡可能因为在网上行动不便而减少采食量,骨架与地面平养的一样大,最后体重可能小于地面平养的肉鸡。一种比较好的补救方式是在网上养到35日龄后,就地转成地面平养。网上平养的优点是能及时清走粪便,舍内的氨气和尘埃量少,便于饲养管理。

（三）笼养

笼养优质肉仔鸡近年来愈来愈广泛地得到应用。鸡笼的规格很多,大体可分为重叠式和阶梯式两种,层数有3层、4层。有些养鸡户采用自制鸡笼。笼养与平养相比,单位面积饲养量可增加1倍左右,有效地提高了鸡舍利用率;由于限制鸡在笼内活动,争食现象减少,发育整齐,增重良好,可提高饲料效率5%~10%,降低总成本3%~7%;鸡体与粪便不接触,可有效地控制鸡白痢和球虫病的发生、蔓延;不需垫料,减少垫料开支,减少舍内粉尘;转群和出栏时,抓鸡方便,鸡舍易于清扫。过去肉鸡笼养存在的主要缺点是胸囊肿和腿病的发生率高,近年来改用弹性塑料网代替金属底网,大大减少了胸囊肿和腿病的发生。用竹片做底网效果也好。

### 三、育雏前的准备工作

（一）鸡舍及其设备的准备

进雏前要检修好鸡舍、鸡笼或网床、取暖设备、电路;准备足够的开食盘、料槽、饮水器,清洗干净后,用0.1%的高锰酸钾溶液或百毒杀等消毒液进行浸泡消毒,再用清水洗净;将鸡舍彻底清扫,用高压水枪冲刷地面、墙壁、门窗、鸡笼和其他育雏用具,冲洗后用1%~3%的火碱水浸泡地面2~4小时后,再用清水冲洗;待水干后,再用0.3%~5%的过氧乙酸进行高压水枪喷洒消毒;水干后,把鸡笼或网床、开食盘、料槽、饮水器和其他饲养设备放入鸡舍,一同用15克／立方米高锰酸钾、30毫升／立方米福尔马林密闭熏蒸,24小时后打开门窗和排风扇排尽甲醛气味,至少空置2周,方可使用。

（二）饲料和垫料的准备

按照营养标准配制或购买适量的雏鸡料,存放处要求阴凉干燥、通风良好。备足优质垫料,要求干燥、清洁、柔软、吸水性强、灰尘少,切忌发霉。

（三）药物和疫苗的准备

按照肉鸡饲养兽药使用准则的规定,选购备足常用的预防用兽药、治疗用兽药和消毒药。根据当地疾病流行情况及本场的实际,制定科学的免疫程序。

（四）预温

进雏前2天，将设备安装布置好，并检验调试。一切正常后要提前预温，将鸡舍内环境条件调到育雏所需要求，尤其是温度，待温度正常时，可以接鸡。在雏鸡入舍前2小时，将水烧开，并放在鸡舍内让其自然降温，待雏鸡入舍时水温降至室温。

**四、雏鸡的选择和运输**

（一）雏鸡的选择

为获得较高的成活率，并使鸡群的生长发育一致，无论是从种鸡场购买还是自己孵化，都应该选择健康的雏鸡进行饲养。健康雏鸡的特征是眼大有神，活泼好动，叫声响亮；绒毛光滑、清洁；腹部柔软、平坦，卵黄吸收良好，脐部愈合良好；喙、眼、腿、爪等无畸形，脚趾圆润，没有因出壳后时间过长而干瘪脱水的现象；泄殖腔附近干燥，没有黄白色的粪便黏附；手握雏鸡有弹性，挣扎有力，体重均匀，符合品种要求。

（二）雏鸡的运输

雏鸡出壳，绒毛干燥后拣出，注射完马立克病疫苗后即可接运。运雏的时间越提前越好，最好能在36小时内到达目的地，以便雏鸡及时饮水和开食。时间过长，对雏鸡的生长发育和成活率有不良影响。

装雏及运输工具。最好用专门的运雏盒，也可以用柳条筐等仿制品代替。无论采用何种运雏工具，都应垫料柔软，密度适中，保温通气，细心照料。所有工具使用前应进行严格的消毒。运雏过程中，应尽量选择平稳、快速的交通工具。

根据气温情况，选择运输时间。夏季气温高时宜选早、晚运输，途中要经常检查雏鸡动态,以免闷热挤压;早春、冬季尽量在中午接雏。要选择最佳途径,尽快将雏鸡送达到养殖场,以最大限度地降低可能对雏鸡造成的不良影响。

运输车辆的车况良好。在运送前应做好清洁、消毒工作,运输雏鸡,尽量做到迅速及时,舒适安全,应在雏鸡绒毛干后开始,至出壳后24小时之前完成;远地运输不超过36小时,以免中途喂水、喂料的麻烦。

运输途中行车要平稳,切忌停车。随行人员要勤观察雏鸡状态,特别在停车30分钟以上时,如有异常情况要及时采取措施。雏鸡到达目的地后,将雏鸡箱先放在育雏室休息,然后再放入育雏伞下保温。先喂水后喂料。

## 五、肉仔鸡的饲喂技术

### (一)雏鸡安置

雏鸡到达目的地后,应迅速放进育雏室,及时检查清点,拣出死雏,最好能将强弱雏分开,放在不同的育雏器栏中,弱雏靠近热源。多层笼养时,弱雏放在上层,强雏放在下层,可按每平方米30只安置,随日龄增加逐渐调整。每群数量不能太大,以300~500只为宜,这样有利于雏鸡发育均匀,便于防疫和抓鸡。

### (二)饮水

水是肉鸡不可缺少的营养素之一,一般饮水量为用料量的2~3倍。雏鸡入舍后,稍作休息即可进行初饮,尤其是长途运输后的雏鸡更应及时饮水,最好在雏鸡出壳后24小时内就能饮上水。必要时由饲养员教小鸡饮水,方法是先抓住几只小鸡,把它们的喙按入饮水器,反复2~3次便可学会,这几只学会后,其他的就会模仿。要保证充足的饮水器和饮水。第一周水温25℃左右,在饮水中添加5%的葡萄糖与0.1%的维生素C, 可减轻运输时的应激反应; 以后可饮用自来水或深井水。

采用自由饮水时, 饮水器要均匀分布在鸡舍, 确保不漏水, 不断水。经常调节饮水器高度, 使其边沿与鸡背同高。使用水槽时, 每只鸡应有2厘米的饮水长度。乳头式饮水器的每个乳头可供8~15只鸡饮用。

饮水器必须每天清洗、消毒2次。定时刷洗水箱、水塔, 定期进行饮水消毒, 但要避开用药时间。免疫前2天、后3天不要添加消毒药。为便于发现鸡群的问题, 有条件时每天记录鸡群饮水量。

卫生而充足的饮水是肉鸡饲养成功的重要条件之一。肉鸡饮水的卫生要求和人的饮用水标准一样, 不能被大肠杆菌和其他病原微生物污染。

（三）开食

一般在初饮后2~3小时进行, 当有60%~70%的雏鸡可随意走动, 有用喙啄地的求食行为时, 应及时开食。1~3日龄可将饲料撒在报纸或塑料布上饲喂, 每2小时喂一次。每次的饲喂量应控制在使雏鸡30分钟左右采食完。如使用粉料, 则应拌入30%的饮水, 拌匀后再喂。

（四）饲喂

雏鸡开食后就进入了饲喂阶段。大多数鸡场都采用的是自由采食; 也有的鸡场为控制腹脂, 采用前期限制饲喂的方式。

从4日龄开始逐步换用料桶或料线喂料, 减少在报纸和塑料布上的喂料量, 3天后完全用料桶或料线喂料。饲养前期做到少加勤添, 以便刺激雏鸡采食; 定时定点给料, 每天喂料次数1~3日龄8~10次, 4~7日龄6~8次, 8~14日龄4~6次, 15日龄后3~4次。特别是35日龄后不要限料。每只鸡日耗料量可参考表6-1。当肉鸡采食不足时,要从以下方面检查:料桶数量及分布,采食的方便程度,饮水情况,饲料营养水平,日粮适口性,饲养环境,鸡群健康状况,光照时间等。

使用料线和其他饲喂器,要随雏鸡日龄的增加慢慢调整高度,使其边缘与鸡嗉囊背相平,这样有助于减少料盘垫料,避免饲料浪费及粪便污染。料盘中的料量以占料盘的1/4为宜。每只鸡占有的食槽位置:一般第一周100只鸡配备1~2个平底料盘(大盘1个,小盘2个),改用料槽后每只鸡有5厘米的位置,如用料桶则每50只鸡1个料桶。

表6-1　肉鸡每只饲喂量标准(克/日)

| 日龄 | 日耗料 | 合计 | 日龄 | 日耗料 | 合计 | 日龄 | 日耗料 | 合计 |
|---|---|---|---|---|---|---|---|---|
| 1 | 3 | 3 | 19 | 78 | 802 | 37 | 161 | 2938 |
| 2 | 11 | 14 | 20 | 82 | 884 | 38 | 167 | 3105 |
| 3 | 15 | 29 | 21 | 86 | 970 | 39 | 173 | 3278 |
| 4 | 19 | 48 | 22 | 90 | 1060 | 40 | 179 | 3457 |
| 5 | 23 | 71 | 23 | 94 | 1154 | 41 | 185 | 3642 |
| 6 | 27 | 98 | 24 | 98 | 1252 | 42 | 191 | 3833 |
| 7 | 31 | 129 | 25 | 102 | 1354 | 43 | 197 | 4030 |
| 8 | 35 | 164 | 26 | 106 | 1460 | 44 | 201 | 4231 |
| 9 | 38 | 202 | 27 | 110 | 1570 | 45 | 207 | 4438 |
| 10 | 42 | 244 | 28 | 114 | 1684 | 46 | 213 | 4651 |
| 11 | 46 | 290 | 29 | 119 | 1803 | 47 | 219 | 4970 |
| 12 | 50 | 340 | 30 | 124 | 1927 | 48 | 225 | 5195 |
| 13 | 54 | 394 | 31 | 129 | 2056 | 49 | 231 | 5426 |
| 14 | 58 | 452 | 32 | 134 | 2190 | 50 | 237 | 5663 |
| 15 | 62 | 514 | 33 | 139 | 2325 | 51 | 243 | 5906 |
| 16 | 66 | 580 | 34 | 144 | 2473 | 52 | 248 | 6154 |
| 17 | 70 | 650 | 35 | 149 | 2622 | 53 | 248 | 6402 |
| 18 | 74 | 724 | 36 | 155 | 2777 | 51 | 248 | 6650 |

同时应注意更换饲料和阶段料的过渡,以尽量减少更换料所带来的应激。 般更换方式是:采用前期料2/3+后阶段料1/3饲喂2~3天,前期料1/3+后阶段料2/3饲喂2~3天,然后全部换为后期饲料。

使用饲料前应注意检查有无因存放不当造成的饲料霉变、结块、变质现象,绝对不能使用已经变质和过期的饲料,以免造成严重损失。

## 六、肉仔鸡的管理

肉鸡饲养的成败关键在于鸡群的管理,应特别予以重视。

### (一)温度

肉鸡对温度特别敏感,无论前、中、后期,都同样重要。育雏前期的温度不足,会影响肉鸡正常的生理活动,表现为行动迟缓,食欲不振,卵黄吸收不良,易引起消化道疾病,增加死亡率,严重时造成大量雏鸡挤压窒息死亡。温度过高也会影响肉鸡正常代谢,表现为采食量减少,饮水增加,生长减缓。中后期环境温度过低,会降低饲料的利用率。

饲养肉仔鸡供温标准:1~3日龄34~35℃,4~7日龄32~33℃,以后每天降0.5℃,每周降3℃;第2周29~32℃,第3周26~29℃,第4周23~26℃,当降至21℃时,维持此温度不变,直到出售。当鸡群遇有应激如接种疫苗、转群时,温度可适当提高1~2℃,夜间温度可提高1~2℃。切忌忽冷忽热。

可依据鸡群活动和分布状态,判断温度是否适宜,同时进行调节。雏鸡互不拥挤,均匀分散,呈星状分布,活泼欢快,表示温度适宜;雏鸡拥挤扎堆,"叽叽"叫,聚于热源周围,则表明温度低;鸡只聚于通风凉快处,远离热源,张口呼吸,双翅下垂,则表明温度过高。

温度计应吊在距热源3米以外, 在鸡舍内对角放置, 测量感温点离鸡背5厘米的温度。网上饲养的温度计或感温点放在网上1厘米处。育雏期(1~3周龄)通常采用育雏伞或电热育雏笼进行供暖。以后撤去育雏伞, 采取统一室内供暖形式。

（二）湿度

湿度是指空气中含水量的多少。肉鸡饲养的前1~2周, 应保持较高的相对湿度, 特别是育雏的头3天, 环境干燥很容易引起雏鸡脱水。试验表明第1周保持舍内较高的湿度能使1周内死亡率减少一半。前期过于干燥, 雏鸡饮水过多, 也会影响鸡正常的消化吸收。第1周相对湿度为65%~70%, 第2, 3周为60%~65%, 以后保持55%~60%。湿度过低, 雏鸡易脱水; 湿度过高, 垫料易潮湿。增加湿度的方法有向地面洒水、带鸡喷雾等。生长后期温度下降, 仔鸡生长加快, 饮水增加, 排泄水分增加, 容易出现湿度过大情况, 应注意通风换气, 调节湿度, 同时防治球虫病和霉菌中毒。

（三）通风换气

在保持鸡舍适宜温度的同时, 良好的通风是极为重要的。肉鸡的生命活动离不开氧气, 充足的氧气能促进鸡的新陈代谢, 保持鸡体健康, 提高饲料转化率。良好的通风可以排出舍内水气、氨气、尘埃以及多余的热量, 为鸡群提供充足的新鲜空气。通风不良, 氨气浓度大时会给生产带来严重损失。实际生产中, 许多饲养者在育雏初期往往只重视温度而忽视通风, 严重时会造成肉鸡中后期腹水症增多。2~4周龄时通风换气不良, 有可能增加鸡群慢性呼吸道病和大肠杆菌病的发病率。

鸡舍一般要求氨气浓度在20%(20毫克/升)以下, 有经验的饲养员可凭感觉测定。进入鸡舍闻到刺鼻的氨臭味, 应开窗通风, 但不能使冷风直接吹到鸡身上，防止贼风和穿堂风。

肉仔鸡整个饲养期内都要有良好的通风，特别在饲喂后期尤为重要。中后期的肉鸡对氧气的需要量不断增加，同时排泄物增多，必须在维持适宜温度的基础上加大通风换气量，此时通风换气是维持舍内正常环境的主要手段。一般1～3周以保温为主，适当通风换气，保证氨气浓度小、无烟雾粉尘。4周龄以上以通风为主，保持适宜温度、氨味小，成鸡每小时换气量为20～30立方米/只。

通风换气的主要方式有自然通风和机械通风。自然通风可采用夏季的穿堂风；冬季时可采用热压通风，即在鸡舍顶部设直径为30～50厘米的排气管道，排出在屋顶部聚集的废气。鸡舍开间的前后在贴近地面处设高50厘米，宽70厘米左右的地窗，以利于夏季通风换气。机械通风使用的是轴流风机，除纵向通风外，尽量满足风机数量多、风量小的要求，以保证舍内气流均匀，同时要求噪音小、振动小。

(四)光照控制

光照是肉鸡采食和饮水的必备条件。为了延长肉鸡的采食时间，促进生长，一般情况下可采取每天22小时光照、2小时关灯的方法。炎热的夏季，肉鸡主要靠夜间凉爽时采食，夜间应尽可能地保持较长时间的光照。近年来，肉鸡的猝死症和腹水症等疾病影响到肉鸡的成活率，与肉鸡前期增长过快有关。实践证明，可将第2周的光照改为12～14小时，第3周改为16～18小时，以后再恢复为22小时光照，这样可以提高成活率。

1周龄内，为了让肉雏鸡熟悉环境，学会饮水采食，应给予较强的光照强度。但光照过强可能会引发雏鸡啄癖，且增加雏鸡的运动量，降低饲料转化率。一般可在每20平方米饲养面积上方安一个灯泡，高度距饲养面2米。14日龄以内每20平方米房间用40瓦灯泡，14

日龄以上每20平方米房间用15瓦灯泡,后期还可以减少几个灯泡。白天也需采取适当措施限制部分自然光照的直接照入,较弱的光照可以使鸡群保持安静,有利于肥育。光照程序要根据季节变化而调整,尤其在夏季高温天气,白天肉鸡食欲差,夜间凉爽,应让鸡充分采食,以保证快速生长。

（五）饲养密度

饲养密度是否合适,对维持鸡舍内适宜的生活环境也很重要。应根据鸡舍的结构和鸡群的状况,按照季节和肉鸡的最终体重来增减饲养密度。如果饲养密度过大,肉鸡休息、饮食都不方便,秩序混乱,环境越来越恶化,则鸡群自然生长缓慢,疾病增多,生长不一致,死亡率增加。冬季地面平养,由于通风受温度的限制,易发生呼吸道疾病,一般情况不宜增加饲养密度。经验不足的农户,开始应以较低的密度饲养肉鸡,才能获得较高的成功率。建议饲养密度见表6-2。

表6-2 肉鸡的饲养密度

| 日龄 | 饲养密度（只／平方米） |
| --- | --- |
| 1~7 | 40 |
| 8~14 | 30 |
| 15~28 | 25 |
| 29~42 | 16 |
| 43~56 | 10 |

（六）公母分群

随着肉鸡初生雏雌雄鉴别技术的提高,国内外肉用仔鸡生产中按公母分群饲养得到了普遍重视。

1.公母分群饲养的好处

公母分群后,同一群体中个体间差异较小,均匀度提高,便于机械化屠宰加工，提高产品的规格化水平；公母分群饲养比混养时增重快；公母分群饲养比混养更节省饲料，每千克体重可减少饲料1.5%左右。

**2. 公母分群饲养的依据**

生长速度不同，公鸡生长快，母鸡生长慢，4周龄时公鸡比母鸡约重13%，6周龄时约重20%，8周龄时约重27%。采食能力不同，公雏采食能力强，好动喜斗，母雏则相反。沉积脂肪能力不同，母鸡比公鸡沉积脂肪的能力强。羽毛生长速度不同，公鸡长羽慢，母鸡长羽快。对饲料营养要求不同，公雏从第3周起饲料中蛋白水平要求比母雏高，维生素的需要量也比母雏多。

因此，采用公母鸡分群饲养制度，可以提高鸡群的整齐度，有助于增加胴体肌肉，减少脂肪含量，提高胴体品质，减少残次品，提高经济效益。

**3. 公母分群的措施**

调整日粮营养水平，公雏日粮的蛋白含量可提高到25%，并适当添加赖氨酸，提高饲料转化率；母雏日粮的蛋白含量可降低到21%。公雏舍温比母雏舍温高1~2℃，后期则低1~2℃，以促进羽毛的生长。母鸡生长速度6~7周就下降，而公雏到8~9周龄才下降，下降后增重慢，耗料多，根据市场要求应分别适时出栏。

**（七）夏季肉鸡的防暑措施**

实践证明，肉鸡生长的适宜温度为15.6~21.1℃，产热和散热基本保持平衡，鸡的体温不会升高，肉鸡生长速度快，饲料利用率高，死亡率低。当环境温度超过28℃时，肉鸡开始出现热应激反应，表现为张口呼吸，饮水量显著增加；超过30℃，鸡体温度随着环境温度的升高而被动上升，超过38℃就有死亡的危险。因此，夏季如果没有较好的防暑措施，肉鸡不仅生长缓慢，部分体大的肉鸡还可能因中暑而死亡,严重影响肉鸡生产效益。

具体应采取的措施:

1. 加强通风换气,降低饲养密度

在鸡舍内提高气流速度,加强通风换气,降低肉鸡饲养密度。安装排风扇,使鸡背水平风速达到1~1.2米/秒,可使鸡的散热加快,对提高肉鸡的抗热能力具有一定作用。炎热季节适当降低每平方米饲养鸡只数,可以提前出售部分大的公鸡。

2. 增强房顶的隔热能力

采取遮光措施,挡住直接射入的阳光,减少太阳辐射热的进入。

3. 湿帘和喷雾降温

在鸡舍进风口处设置湿帘,使外边热空气经冷却后进入鸡舍;部分水在形成水汽时吸收大量热量,从而降低空气温度,使鸡舍内温度下降。气温越高,湿帘降温效果越好。采用旋转式喷雾器向鸡舍顶部或鸡体喷洒凉水,也可达到降温的效果。

4. 注意天气预报

对气温特别高的日子,可从早上6时开始停料,只供清凉饮水。这样可以减少肉鸡在高温时的体热产生,减少死亡率;或每天早晚凉爽时饲喂,中午炎热时让鸡休息。采用间继式饲喂法或限制饲喂,有助于防治热应激。

5. 调整日粮组成

饲料中多用油脂和氨基酸,组成容易消化利用的高能高氨基酸全价饲料,可减少肉鸡体热的产生。

热应激造成肉鸡合成维生素减少或对维生素需要增加,易发生维生素缺乏症,必须补充某些维生素,以保证肉鸡的特殊需要。研究表明,维生素C和维生素E具有较好的抗热应激作用,能明显减轻热应激对肉鸡的影响，提高生产性能。

**6. 调节电解质平衡**

热应激条件下，肉鸡容易发生呼吸性碱中毒和低钾血症，造成电解质平衡紊乱，影响机体调节活动。在饮水或饲料中添加电解质，可缓解热应激造成的危害。实验证明，给肉鸡喂含0.4%碳酸氢钠日粮，能显著提高热应激条件下肉鸡的增重和采食量。给热应激肉鸡饮水中添加0.3%氯化钾溶液，可提高肉鸡采食量，增加饮水量，使肉鸡体温明显下降。

**7. 添加抗热应激药物**

通过饮水或拌料方式添加某些药物，调节肉鸡体内环境，调控代谢，以最终达到缓解热应激效果。如在肉鸡日粮中添加50~150毫克/千克杆菌肽锌，可提高生产性能，缓解热应激的不良影响。饲料中加入0.1%镇静剂氯丙嗪，有降低代谢率和减少活动量的作用，从而减轻肉鸡散热负荷。饲料中添加0.25%柠檬酸，能提高热应激状态下肉仔鸡的日增重。日粮中添加酵母铬或吡啶酸铬，也可改善高温应激条件下肉仔鸡的生产性能和免疫能力。

**（八）观察鸡群**

观察鸡群是肉鸡管理的一项重要工作。通过观察鸡群，一是可促进鸡舍环境及时改善，避免环境不良所造成的应激；二是可尽量发现疾病的前兆，以便及早防治。

**1. 观察行为姿态**

正常情况下，肉雏鸡反应敏感，眼明有神，活动敏捷，分布均匀。如扎堆或站立不卧，闭目无神，身体发抖，不时发出尖锐叫声，拥挤在热源处，说明育雏室温度太低。如鸡雏撑翅伸脖，张嘴喘气，呼吸急促，饮水频繁，说明环境温度过高。若头尾和翅膀下垂，闭目缩脖，行走困难，则为病态反应。

2. 观察羽毛

正常情况下, 肉鸡羽毛舒展、光润、贴身。如羽毛生长不良, 干燥、蓬乱, 表明湿度不够; 如全身羽毛污秽或胸部羽毛脱落, 表明温差过大。如羽毛蓬乱或肛门周围羽毛有绿色或白色粪便、黏液时, 多为发病的象征。

3. 观察粪便

正常为成型的青灰色便, 表面有少量白色尿酸盐。绿色粪便多见于新城疫、马立克病、急性霍乱等, 血色粪便多见于球虫病和出血性肠炎, 法氏囊病见白色石灰样下痢。

4. 观察呼吸

当天气急剧变化或接种疫苗后, 鸡舍氨气含量过高和灰尘大的时候, 肉鸡容易发生呼吸道疾病。因而遇有上述情况时, 要勤观察呼吸频率和呼吸姿势是否改变, 有无流涕、咳嗽、眼睑肿胀和异样的呼吸音。当鸡患新城疫、传染性支气管炎及慢性呼吸道病时, 常有异样呼噜声或喘鸣等声音, 夜间关灯时声音特别明显。

5. 观察饲料用量及饮水

正常情况下, 肉鸡群饲喂适量时应当天吃完, 鸡群的采食量每天增加。如每天采食量逐渐减少时, 就是病态征兆。当发现给料一致的情况下, 有部分料桶剩料过多时, 就应注意鸡群是否有病鸡存在, 并及时处理。

（九）做好记录工作

正确翔实地做好记录, 可以使农户比较清楚地把握鸡群的生长状况, 也便于日后总结经验, 改进工作, 尽快掌握正确的肉鸡饲养技术。

记录内容大致如下:

（1）每日记录实际存栏数、死淘数、耗料数, 以及死淘鸡的症状和剖检所见。

（2）早晨5：00，下午3：00，分别记录鸡舍的温度和湿度。

（3）记录每周末体重及饲料更换情况。

（4）认真填写消毒、免疫及用药情况。

（5）认真记录特殊事故：控温失误造成的意外事故，鸡群的大批死亡或异常状况，误用药物，环境突变造成的事故等。

记录表格如下：

### 表6-3　肉鸡饲养记录

进雏时间：　　　　数量：　　　　购雏种鸡场：

| 日龄 | 日期 | 实存 | 死淘 | 温度（上午/下午） | 料号/日平均耗料 | 备注 |
|------|------|------|------|------------------|----------------|------|
|      |      |      |      |                  |                |      |
|      |      |      |      |                  |                |      |

### 表6-4　免疫记录

| 日龄 | 日期 | 疫苗名称 | 生产厂家 | 批号、有效期限 | 免疫方法 | 剂量 | 备注 |
|------|------|----------|----------|----------------|----------|------|------|
|      |      |          |          |                |          |      |      |
|      |      |          |          |                |          |      |      |

### 表6-5　用药记录

| 日龄 | 日期 | 药名 | 生产厂家 | 剂量 | 用途 | 用法 | 备注 |
|------|------|------|----------|------|------|------|------|
|      |      |      |          |      |      |      |      |
|      |      |      |          |      |      |      |      |

注：必须按兽医指导用药，防止出现药残问题。

（十）肉鸡的出栏

研究结果证明，50%～60%的肉鸡品质下降是由于撞伤造成的，其中30%的撞伤发生在胸部，而这些撞伤中90%是发生在抓鸡、装卸鸡和屠宰挂鸡过程中。这无疑严重影响经济效益，所以应该规范肉鸡出栏时抓鸡、装笼、运输和卸车的程序。

肉鸡出栏时必须注意以下问题：

（1）出栏前由当地官方机构实施检疫，出具健康监督证、检疫证及车辆消毒证，方可进入加工厂。

（2）确定屠宰时间后再决定捕捉、运输的时间，减少肉鸡在屠宰场待宰的时间，这一点在夏季尤为重要。

（3）装笼前4~6小时停喂饲料，但不停止供水。捕鸡前先移走舍内所有料桶、饮水器及地面上的其他器具。

（4）捕捉前尽可能地降低光照强度，白天可采取遮光措施，只要在朦胧中看得见鸡即可，达到不用围网即可捕捉的程度。

（5）抓鸡过程中尽可能地避免惊扰鸡群，避免鸡群扎堆，以防导致窒息死亡和增加肉鸡的外伤，应尽量在夜间抓鸡。捉鸡时应抓住鸡的双腿，每只手最多只允许同时抓3~4只鸡。对体重很大的鸡，应用双手捉住鸡只的背部，不可用脚踢鸡。装笼时轻拿轻放，不得往鸡笼里扔鸡，以免碰撞致伤。

（6）根据肉鸡的体重和气候状况，决定每只笼子的装鸡数，鸡笼中不得超量装鸡。

（7）一般要在夜间装笼运输，运输时注意通风，途中不得停留，以防随时可能造成的损失。

## 七、肉仔鸡的防疫与免疫

肉鸡生长速度快，抵抗力弱，若防疫和免疫不当，则易感染各种疾病。

（一）肉鸡场的防疫

1.防止人员传播疾病

要严格控制外来人员入场，防止流动人员将外界病原带入场区内。在特定情况下，外来人员在淋浴和消毒后穿戴好工作服才可进场。为防止工作人员将病原带入，本场人员进入场区和生产区要进行淋浴，更换干净的工作服方可进入。进入鸡舍的工作人员和来访者，必须清洗消毒双手和鞋靴。

对隔离区和生产区要使用不同的工作靴，防止鞋靴传播疾病。此外，还要防止车辆携带病原，对进出车辆要消毒，包括车轮和车身。带入鸡舍的器械和器具也是潜在的疾病来源，进行必要的清洗和消毒后方可带入。

人员、动物和物品转运应采取单一流向，防止交叉污染和疾病传播。每栋鸡舍由专人管理，防止乱串和互借用具。

2. 防止动物传播疾病

首先要注意引种来源，雏鸡应来自有种蛋生产许可，且无鸡白痢、新城疫、支原体病、禽结核病的种鸡场。要求一栋鸡舍或全场所有鸡只来源于同一鸡场，尽量使抗体水平保持一致。

肉鸡场要求实行"全进全出"制，这样便于彻底清理和消毒，防止不同日龄鸡只的交叉感染。同一养禽场不能饲养其他禽类，防止交叉感染。

3. 搞好卫生

肉鸡场卫生工作是非常重要的，清洁卫生是控制疾病发生和传播的有效手段，包括鸡舍卫生和环境卫生。①鸡舍卫生：注意清除舍内污物、房顶粉尘、蜘蛛网等，要保持舍内空气清洁；②环境卫生：要定期清除鸡舍四周的垃圾、散落的饲料、粪便等，还要定时灭鼠、灭蝇。

4. 消毒

消毒是肉鸡养殖场控制疾病发生和流行的最重要措施之一。常用的消毒方法包括物理、化学和生物消毒法。物理消毒法如机械性的清扫、日光照射、紫外线、干燥和高温消毒等。化学消毒法是目前养殖业中最常用的方法，主要利用化学消毒剂直接杀灭病原微生物。例如，使用熏蒸消毒法、浸泡消毒法、饮水消毒法和喷雾消毒法等。生物消毒法是通过将鸡粪、垫料等鸡场废弃物堆集起来发酵，用高温杀灭病原菌和寄生虫卵等。

生产中常用的环境消毒药如下：

酚类：包括苯酚、煤酚、复合酚（含酚和醋酸）等，能使病原微生物的蛋白变性、沉淀而起杀菌作用。兽医临床常用复合酚消毒剂，如商品药ABB消毒剂、农福及消毒灵等。复合酚抗菌谱广，克服了单纯酚类对芽孢及病毒作用弱的弱点，对病毒、细菌和寄生虫卵等都具有强大的杀灭能力。由于复合酚有一定腐蚀性，主要用于环境消毒，包括饲养场地、圈舍、器具、排泄物、车辆等的消毒。通常施药一次，药效可维持7天。

醛类：易挥发，称为挥发性烷化剂，能使菌体蛋白变性，酶和核酸等功能发生改变，而呈现强大的杀菌及杀病毒作用。常用的有甲醛、聚甲醛、戊二醛等。主要用于熏蒸消毒，消毒时必须有较高的室温和相对湿度，消毒时间为8~10小时。

碱类：主要有氢氧化钠（烧碱）、氧化钙（生石灰）。氢氧化钠对细菌、病毒、寄生虫虫卵均有较强的杀灭作用，但腐蚀性大。2%氢氧化钠用于烈性传染病（如鸡新城疫等）污染场地、粪池及污水沟等的消毒，5%氢氧化钠用于炭疽芽孢污染消毒。氧化钙对繁殖期的细菌消毒作用良好，一般加水配成10%~20%石灰乳，用于地面、舍栏、墙壁的消毒，现用现配。

含氯化合物：有漂白粉（氯石灰，含有效氯25%）、优氯净（二氯异氰尿酸盐钠，含有效氯60%~64.5%）。杀菌作用强，能杀灭细菌、芽孢、病毒及真菌等，但作用不持久。水溶液稳定性较差，需临用前现配。用于圈舍、舍栏、饲槽、排泄物及饮水消毒等。

过氧化物类：主要有过氧乙酸。为强氧化剂，高浓度（高于45%）过氧化物遇热或碰撞易爆炸，浓度低于20%无此危险。是高效杀菌剂，作用快，可杀灭细菌、真菌、病毒和芽孢。0.5%过氧化物可用于禽舍、饲槽、车辆及器具等喷雾消毒；0.3%过氧化物可用于带鸡消毒，但是对呼吸道、眼睛有刺激性；3%~5%过氧化物可用于加热熏蒸消毒。

表面活性剂：季铵盐类为最常用的阳离子表面活性剂，如新洁尔灭、洗必泰等。特点为杀菌作用迅速，对细菌作用强，对霉菌、病毒有一定效果，对芽孢作用弱，对结核杆菌无效。这类药物刺激性很弱，毒性低，不腐蚀金属和橡胶，但杀菌效果受有机物影响较大。主要用于器具消毒和皮肤、黏膜的消毒。与醛类消毒药配伍，可扩大消毒范围。

碘与碘化物：包括碘、碘伏、络合碘等。碘具有强大的杀灭细菌、病毒、芽孢、真菌、寄生虫卵等作用。应用范围广泛，主要用于饮水消毒、带鸡消毒、种蛋消毒、鸡舍消毒、车辆和场地消毒，还可用于皮肤、黏膜消毒等。

5. 养鸡场消毒药的选用

消毒工作的重点是鸡舍、肉鸡体表、设备、用具、人员、车辆、饲料、饮水及孵化场等。尤其是鸡舍消毒和带禽消毒，在疫病预防中十分重要。

场（舍）门口消毒池。消毒池药液水深20厘米，可选用复合酚（如ABB消毒剂），2%~5%氢氧化钠等。每2~3天更换一次。

场区、道路及运动场消毒。需经常清扫，定期进行喷洒消毒，可选用复合酚、烧碱、生石灰、含氯消毒剂等。每月至少消毒1~2次，发生疫情时要增加消毒次数。

车辆、人员消毒。车辆进场时,车轮必须过消毒池;对车身进行喷雾消毒,可选用复合酚、碘消毒剂、过氧乙酸等。人员进入生产区,必须淋浴、消毒,更换消毒衣、帽、鞋等,方可进入。在鸡舍门口设立脚踏消毒槽,一般应常年放入5%来苏儿消毒液,并经常更换。为了防止药液挥发,可放入一些海绵或麻袋浸湿。

设备、用具、衣物消毒。食槽、饮水器等用具和衣物要经常洗涤,用消毒药进行喷洒或浸泡消毒。

肉鸡出舍后或进舍前进行消毒,实施顺序为:鸡舍排空—清扫—洗净—干燥—消毒—干燥—再消毒。两次消毒最好是喷雾、喷洒消毒和熏蒸消毒交替进行。喷雾、喷洒消毒可选用复合酚、碘消毒剂、过氧乙酸及双季胺盐类消毒剂等,熏蒸消毒选用甲醛、过氧乙酸等。

鸡场一般应在进鸡前3~5天进行鸡舍熏蒸消毒。先关闭所有门窗,保持舍内温度15~25℃,湿度70%~90%。如使用甲醛进行熏蒸消毒时,应根据鸡舍空间大小,每立方米用福尔马林30毫升,高锰酸钾15克混合后产生杀菌性气体,达到熏蒸目的。24小时后打开门窗通风换气。

带鸡消毒采用喷雾消毒,以杀灭空气及环境中的病原和鸡体表及笼舍上的病原。可选用碘消毒剂、0.3%过氧乙酸等。将选定的消毒药按规定浓度稀释好,放入气雾发生器内,选用雾粒直径100微米左右的喷嘴,关闭门窗,按每立方米15毫升药量喷雾。肉鸡10日龄以后可实施带鸡消毒,预防性消毒为育雏期每周一次,育成期7~10天一次,成年肉鸡可15~20天消毒一次;疫病发生时可随时消毒,每天至少带鸡消毒一次;当疫情结束后,为彻底消灭病原体,也要带鸡进行一次终末消毒。

饮水消毒。饮用水中加入消毒剂,可选用碘消毒剂、季胺类及漂白粉等。注意：肉鸡饮水免疫前后2~3天不用，也不宜长期不间断地使用饮水消毒，关键是控制好水源的卫生。

孵化场卫生消毒。种蛋消毒可采用熏蒸消毒或浸泡消毒。熏蒸消毒可用甲醛、过氧乙酸，浸泡消毒可用碘制剂、季铵类消毒剂。孵化室、孵化器及用具进行喷雾、喷洒消毒。

粪便处理及粪池、粪沟和污水的消毒。粪便处理可采用生物热消毒法，如堆粪法、发酵池法；粪池、粪沟和污水的消毒，采用喷洒消毒，可选用漂白粉、生石灰等。

（二）肉鸡群的免疫

免疫是通过接种疫苗实现的。在平时对鸡群有计划地进行预防接种，或在可能发生疫病或疫病发生早期对鸡群进行紧急免疫接种，以提高鸡群对相应疾病的特异性抵抗力，是防止疾病发生和流行的极其重要的环节。

1. 疫苗的种类

肉鸡疫苗的种类很多，大体可分为弱毒疫苗（也叫活疫苗）、灭活疫苗、单价疫苗、多价疫苗、亚单位疫苗、基因工程疫苗等。

活疫苗：活疫苗是用活的微生物制成，可以在机体内大量繁殖，类似发生隐性感染或轻症感染。一般只需很小的剂量就能刺激机体产生强烈的免疫应答，以及局部黏膜免疫应答，从而获得较为可靠和持久的免疫力。目前常用的活疫苗，都是用人工定向变异或从自然界筛选出来的毒力减弱或基本无毒的病原制备的。

死疫苗：死疫苗是收获经培养增殖的病原微生物后，通过物理或化学方法灭活制成的疫苗。其优点是安全、易保存和研制周期短。由于这类疫苗不能在体内复制增殖，因此使用剂量较大，免疫作用持续时间短、接种次数增多、防疫成本增高。为了克服上述缺陷，死苗中一般都要加入佐剂，延长免疫刺激时间，提高机体的免疫效应。佐剂的种类很多,鸡用的死疫苗中以油佐剂苗最为常见,如减蛋综合征灭活油苗、鸡传染性鼻炎油乳剂苗、鸡大肠杆菌多价油苗等。

单价疫苗:利用同一种微生物菌株(或毒株),或同一种微生物中的单一血清型的菌(毒)株增殖培养物制备的疫苗,称为单价疫苗,也叫单疫苗。如鸡新城疫Ⅰ系苗等。

多价疫苗:指同一种微生物中若干血清型菌(毒)株的增殖培养物制备的疫苗。如鸡球虫病多价疫苗(一种疫苗可预防几种球虫)、多杀性巴氏杆菌多价苗(一种疫苗可预防几种巴氏杆菌的血清型)。多价疫苗能使免疫肉鸡获得完全的保护力,且可适于不同地区使用。

混合疫苗:又称多联疫苗,指利用不同种类的微生物的增殖培养物,按免疫学原理、方法组合而成的疫苗。接种动物后能产生针对几种相应疾病的免疫保护,具有减少接种次数,使用方便等优点,是一针防多病的生物制剂,所以受到养殖场的普遍欢迎。如鸡新城疫、传染性支气管炎、传染性法氏囊病灭活油苗。

2. 免疫接种的方法

对家禽进行免疫接种常用的方法有点眼、滴鼻、刺种、皮下注射或肌肉注射、饮水、气雾等。在生产中采用哪一种方法,应根据疫苗的种类、性质及本场的具体情况决定。

点眼、滴鼻:使疫苗通过上呼吸道或眼结膜进入体内的一种接种方法,适用于新城疫Ⅳ系(Lasota)疫苗、传染性支气管炎疫苗及传染性喉气管炎弱毒苗等的接种。这种接种方法尤其适合于幼雏、产蛋期的家禽,因其应激小,对产蛋影响较小。点眼、滴鼻法应逐只进行,可保证每只肉鸡都能得到剂量一致的免疫,免疫效果确实,抗体水平整齐。因此,一般认为点眼、滴鼻是弱毒疫苗接种的最佳方法。

肌肉注射：此法作用迅速，尤其适合于种鸡。新城疫Ⅰ系疫苗的肌肉注射效果比点眼、滴鼻好。肌肉注射时，以翅根部肌肉为好，进针时针头稍倾斜，按疫苗的使用说明，每只肉鸡注射0.2~1毫升。也可采用胸部肌肉注射，但进针时要注意，不要垂直刺入，以免伤及肝脏、心脏而造成死亡。

皮下注射：是将疫苗注入肉鸡的皮下组织，如马立克病疫苗、油乳剂灭活疫苗，多采用颈背部皮下注射。注射时用食指和拇指将颈背部皮肤捏起呈三角形，沿三角形的下部刺入针头注射。皮下注射时疫苗通过毛细血管和淋巴系统吸收，疫苗吸收缓慢而均匀，维持时间长。

刺种：此法适用于鸡痘疫苗、新城疫Ⅰ系疫苗的接种。刺种部位在鸡翅膀内侧皮下，具体方法是将1 000羽份的疫苗用25毫升生理盐水稀释，充分摇匀，然后用接种针蘸取疫苗，刺种于肉鸡翅膀内侧无血管处，雏禽刺种1针，成年家禽刺种2针。

气雾法：是压缩空气，通过气雾发生器使稀释疫苗造成直径1~10微米的雾化粒子，均匀地浮游于空气中，随呼吸而进入肉鸡的体内，以达到免疫目的。例如新城疫Lasota系弱毒苗、传染性支气管炎弱毒苗等。但是气雾免疫对肉鸡的应激作用较大，可能会加重慢性呼吸道疫病、大肠杆菌病引起的气囊炎的发生。所以，必要时可在气雾免疫前后于饲料中加入抗菌药物。

饮水法：对于大型养鸡场，逐只免疫费时费力，对肉鸡群影响较大，且不能在短时间内达到整体免疫的效果。因此，在生产实践中可用饮水免疫。饮水免疫目前主要用于鸡新城疫Lasota系弱毒苗、传染性支气管炎$H_{120}$及$H_{52}$弱毒苗、传染性法氏囊病弱毒苗的免疫。饮水免疫虽然省时省力，但由于种种原因会造成家禽饮入疫苗的量不均一, 抗体效价可能参差不齐。

3. 养鸡场免疫程序的制定

对于规模化的鸡场, 要想有效地防止各种传染性疾病的暴发和流行, 就需要制定合理的免疫程序。免疫程序的制定应根据本地区或本场疫病流行情况的规律, 如鸡群的病史、品种、日龄、母源抗体水平以及疫苗的种类、性质等因素, 进行综合考虑, 制定科学合理的适应本鸡场的免疫程序, 并视具体情况进行调整。下面介绍的是常用肉鸡免疫程序(见表6-6、表6-7), 供参考。

表6-6 商品肉鸡常用免疫程序

| 日龄 | 疫苗名称 | 免疫方法 |
|---|---|---|
| 1 | 马立克病疫苗 | 皮下或肌肉注射 |
| 5~7 | 新城疫系+传支H$_{120}$活疫苗 | 点眼同时滴鼻 |
| | 新城疫-禽流感二价油剂灭活苗 | 颈部皮下注射 |
| 13~15 | 传染性法氏囊活疫苗(D$_{78}$) | 饮水免疫 |
| 19~21 | 新城疫系+传支H$_{52}$活疫苗 | 喷雾或饮水 |
| 24~26 | 传染性法氏囊活疫苗(法倍灵) | 饮水 |

表6-7 肉种鸡常用免疫程序

| 日龄 | 疫苗名称 | 免疫方法 |
|---|---|---|
| 1~3 | 马立克病疫苗 | 皮下或肌肉注射 |
| | 传染性支气管炎H$_{120}$疫苗 | 喷雾或饮水 |
| 7~9 | 新城疫系疫苗 | 点眼同时滴鼻 |
| | 新城疫-禽流感二价油剂灭活苗 | 颈部皮下注射 |
| 12~14 | 传染性法氏囊活疫苗 | 饮水 |
| 20~22 | 新城疫Ⅳ系疫苗 | 喷雾或饮水 |
| 25~28 | 传染性法氏囊活疫苗 | 饮水 |
| 40~50 | 新城疫-禽流感多价油剂灭活苗 | 皮下注射 |
| | 传染性喉气管炎 | 点眼 |
| | 禽痘冻干苗 | 皮下刺种 |

**续表**

| 日龄 | 疫苗名称 | 免疫方法 |
|---|---|---|
| 80~90 | 传染性喉气管炎 | 点眼 |
| | 新城疫 I 系冻干苗 | 肌肉注射 |
| 110~120 | 新城疫–禽流感多价油剂灭活苗 | 皮下注射 |
| | 新城疫IV+传支H$_{52}$活疫苗 | 喷雾或饮水 |
| 160~180 | 新城疫IV冻干苗 | 喷雾或饮水 |
| 220~240 | 新城疫–禽流感多价油剂灭活苗 | 皮下注射 |
| 300~320 | 新城疫IV系冻干苗 | 喷雾或饮水 |
| 380~400 | 新城疫IV系冻干苗 | 喷雾或饮水 |
| 450~460 | 新城疫IV系冻干苗 | 喷雾或饮水 |

注：免疫程序各肉鸡场应根据饲养日龄和疾病流行的具体情况及时进行修改。免疫前后2天，饮水中加入速溶多维，可增强免疫效果。饮水免疫时，根据季节先给鸡断水2~3小时。饮水中最好加入0.2%~0.3%脱脂奶粉。疫苗稀释后，要在2个小时内用完。

### 4. 安全用药技术

由于目前对细菌病的控制尚无非常理想的菌苗，在肉鸡饲养实践中，为防治细菌性疾病，抗菌药物的使用不可缺少。但抗菌药物的滥用，已经对食品安全和人的健康造成了一定危害。因此，生产者要合理使用抗菌药物，有效控制细菌病，同时还要避免抗菌药物滥用。

严格按照适应证选用有效药物。临床上，当鸡只已经出现发病，必须及时治疗时，有经验的兽医师须做出基本判断，有针对性选用抗菌药物，保证所选药物的抗菌谱与引起感染的病原菌相对应。有条件的养鸡场要准备常用抗菌药物、药纸片，发病时进行药敏试验，做出初步的判断。治疗用药包括对原发细菌病的治疗，以及病毒病、球虫病暴发后对细菌继发感染的治疗。

饲料中需按常规使用抗菌促生长剂。所选药物应抗菌活性强，能提高增重及饲料转化率；在肠道吸收少，不易形成药物残留；毒性低，安全范围大，无特殊毒性，并尽量选用肉鸡专用品种。常规添加的抗菌药物应严格控制添加量，并应严格遵守休药期。

采用合理的给药方案。给药方案包括使用何种抗菌药物、剂量、给药途径、给药频率、疗程等。通常根据制剂说明使用即可，但应适当考虑鸡的采食量（包括饮水量）、药物的种类等因素。

# 第七章　肉鸡的屠宰与分割

## 一、肉鸡的屠宰

### （一）肉鸡屠宰前的准备

1. 活鸡的卫生检验

在肉鸡出栏前4天进行疫病和药残的监测，毛鸡出栏时由当地检验检疫部门进行检疫。经检验合格后对运输车辆严格消毒，并出具检疫合格证明和运载工具消毒证明。确认健康无病的鸡群，方可进入候宰圈，分批候宰。宰前验收流程：毛鸡进厂—兽医检验—药残检验—嗪料残留检验—死鸡挑出—挂鸡—残鸡检验。

2. 候宰

活鸡经过集装、运输过程，应激比较严重。为了使其生理机能恢复正常，解除疲劳紧张，宰杀前使鸡休息一段时间，以利于屠宰时充分放血，保证肉的品质。

3. 断食

肉鸡在宰前8~12小时停食，每隔3~4小时驱赶一次，利于排粪；宰前3小时左右断水。断食主要目的：一是减少肠胃内容物，便于宰后摘除胃肠；二是冲淡血液，便于放血。

### （二）实施屠宰

利用电晕器击昏鸡（击头部），可顺利地将体内血液排放干净且排放的血质量好；利用热烫，使鸡毛与鸡身结合力减弱，便于脱毛；脱毛时利用机械摩擦将羽毛除去效果更好。机械屠宰要选择均匀度高的鸡群，有利于控制屠宰过程中的环境条件，以及分割包装时

108

重量和质量上的统一。

1. 洗浴

肉鸡经过卫生检验、断食、断水后，立即进入屠宰间进行淋浴，以清除表面污垢，减少污染，还可促进机体血液循环，提高放血质量。

2. 宰杀放血

将禽体倒挂在吊钩上，随着输送机的自动运转，有顺序地经麻电板后，活禽很快昏迷，2~2.5分钟后死亡。再用宰杀台上的圆形旋转刀片准确切开颈动脉放血，避免切断气管、食道。放血时间至少2.5~3分钟，放血量为总血量的40%~50%。

3. 热烫

肉鸡经宰杀后，要经烫毛机进行热烫拔毛，热烫水温以60~65℃为宜，时间为1.5分钟。热烫的水温要适宜，若水温过高，则表皮蛋白胶化，不宜拔毛，且易破皮；同时脂肪溶解，表皮呈暗灰色，造成次品。若水温过低或浸烫不透，则拔毛困难，更容易破皮。

4. 脱毛

常用指盘式脱毛机，借助转轮上的指状橡胶突脱去羽毛，做到体表洁净不变形，不破皮。也可按部位分区手工拔毛，拔毛顺序：右翅羽、肩头毛、左翅羽、背毛、腹脯毛、尾毛、颈毛。

5. 修整淋洗

将鸡体放入流动的清水中冷却，并在水中除去残毛、脚皮、趾皮、爪壳，洗去颈部和肛门处残留粪便、血污和其他杂物。

6. 净膛

一般小型加工厂多从胸骨后至肛门的正中线切腹开膛，清除内脏。有的采用拉肠法，从肛门拉出肠管胆囊。然后，剪开颈皮，取出气管、食管和嗉囊；剪去肛门。

7. 沥干

净腔体必须按顺序进行沥水，沥去体表、腹腔残留血水。

8. 冷却

沥干后的屠体移至冷却间，使体温迅速下降至20℃左右，然后送包装间处理。

## 二、肉鸡的分割技术

肉鸡宰杀后，用于整鸡加工的屠体，将翅膀向后理平，脚拉向腹下，头、颈侧向腹部，用聚乙烯薄膜包装，送分级处理，然后冷藏或销售。

为适应市场需求，提高肉鸡生产的附加值，也可进一步分割包装。基本顺序是：处理内脏—去头—去脚—去腿—去翅—去颈—去背。通过以上处理过程，即形成鸡爪、鸡翅、鸡腿、鸡胸和背肉五大部分。分割好的肌肉分类包装。

1. 全鸡类

净腔鸡（鸡胴体）：屠体从腹部开口，将内脏（包括食道、嗉囊、气管、肺、消化系统、生殖器官、腹脂）摘除，除去头、颈、脚。

半净腔鸡：将鸡的心、肝、肫、颈装入聚乙烯袋内，放入净腔鸡胸腔腔内，不能散放和遗漏。

2. 全翅类

全翅：从肩关节处割下，切断筋腱，不得划破骨关节面和伤残里脊。

上翅：从肘关节处切断，由肩关节至肘关节段。

小翅：切断肘关节，由肘关节至翅尖段。

3. 胸肉类

胸肉：从胸骨两侧用刀划开，切割肩关节，握着翅根连胸肉向尾部撕下,剪下翅,皮附于肉上,大小一致,称作带皮去骨胸肉。

鸡小胸肉(胸里脊):沿锁骨和乌喙骨两侧处的胸里脊部分。

4. 腿肉类

鸡全腿:在腿腹间两侧用刀划开,将大腿向背侧方向用刀从髋关节处脱开,割断关节四周肌肉和筋腱;在跗关节处切断;腿形完整,边缘整齐,腿皮覆盖良好。

鸡大腿:从髋关节至膝关节的部分。

鸡小腿:从膝关节至跗关节的部分。

鸡去骨腿肉:从胫骨到股骨内侧用刀划开,切断膝关节,剔除股骨、腓骨和软骨,修割多余的皮、软骨、伤痕;皮附于肉上,大小一致。

5. 副产品

鸡心:去除心包膜、血管、脂肪和心内血块。

鸡肝:去除胆囊、血管,修净结缔组织。

鸡肫:除去腺胃、肠管、表面脂肪。在腱一侧切开,去掉内容物,剥除鸡内金。

鸡骨架:去掉胸部肉及皮肤后的胸椎和肋骨部分。

鸡脚:从趾关节处切下,除去爪尖。

### 三、鸡肉的包装和冷藏

肉鸡屠体经修整分割后,无论是胴体或分割二次加工产品,必须在室温12~15℃条件下,迅速进行包装。使用的包装材料有防潮、无毒的玻璃纸、塑料袋等。包装后的成品不准堆积,要及时入库。从宰杀到成品进入冻结库所需时间不得超过2小时。

冻结:为了提高制品质量,多数采用送风式冷冻。冻结库最低温度范围可保持在-30~-35℃,风速为2~4米/秒,相对湿度为90%。

冻结要求肌肉中心温度在24小时内降至-15℃以下。快速冻结可保持产品有良好的色泽、保水性和卫生状况。

冷藏：速冻后，经测试检查肌肉中心温度已达-15℃时，即可将小包装的产品装箱打包转入冷藏库贮存。冷藏库温度应保持在-18℃以下，温度变动不得超过2℃，相对湿度为90%。产品在库内应分类分批堆放，先进先出，保质期为12个月。

宰杀后的鲜肉鸡胴体，在运往附近销售点时，要装入专用塑料袋内，并装有碎冰，使温度保持在5℃以下，用专门冷藏车发运，也有直接装塑料袋运送的。

# 第八章　肉种鸡的饲养管理

肉种鸡的饲养管理是影响其生产性能、种用价值及经济效益的关键。因此要根据各肉鸡品种的特点和要求，抓好育雏期、育成期以及产蛋期的合理限制饲养，使鸡群具有匀称的体型，适时开产，并具有较高的产蛋率、受精率，以生产更多的优质仔鸡。

## 一、育雏期饲养管理（0~4周龄）

### （一）育雏前的准备及接雏方法

1. 肉鸡舍的消毒和准备

肉鸡舍周转必须实行"全进全出"制，以实现防病和净化的要求。当上一批育雏结束转群后，应对鸡舍和设备（通风、光照、供暖、饮水、喂料等设备）进行彻底检修、清洗和消毒。消毒结束后重新装好设备，空闲隔离至少3周，待用。

2. 尽早启用供热系统

冬季寒冷季节需预热24小时。如果肉鸡舍用甲醛熏蒸消毒，应至少在进鸡前3天加温排风，保证进鸡前彻底排除甲醛气体。

3. 进雏计划

根据肉鸡舍面积、饲养设备数量和生产计划确定进雏数，可参考表8-1、表8-2。

表8-1  不同供热条件下最大饲养密度

| | |
|---|---|
| 电热育雏伞 | 400~600只/个 |
| 红外线燃气伞 | 750~1 000只/个 |
| 正压热风炉 | 21只/平方米 |

表8-2  育雏采食面积和饮水面积

| 项目 | 类型（单位） | 鸡只数 |
|---|---|---|
| 饲养面积 | 垫料平养（只/平方米） | 10.8 |
| 采食面积 | 链式喂料器（厘米/只） | 5 |
| | 圆形料桶（只/个） | 20~30 |
| | 盘式喂料器（只/个，最多） | 30 |
| 饮水面积 | 水槽（厘米/只，最少） | 1.5 |
| | 乳头饮水器（只/个） | 10~15 |
| | 钟型饮水器（只/个） | 80 |

### 4. 清洁用具

将清洗消毒好的饮水器、饲喂器及其他所有用具，事先准备充分。雏鸡到达前3~4小时，应将饮水器充水并放在舍内预温。如果运输时间较长，建议至少第1次的饮水中应加入5%的糖，并在第1周的饮水中加一定量的维生素和矿物质，必要时头3~5天在饮水中使用广谱抗生素。

### 5. 公母分置

雏鸡到达后，应将雏鸡迅速从运输车上移至舍内，按公母标记，将公母鸡盒分开放置。

### 6. 先饮水，再喂料

雏鸡到达后，先组织饮水2~3小时，然后再喂料。雏鸡开食时，为避免雏鸡暂时营养性腹泻，可以每只雏鸡喂给1~2克小米或碎大米。

（二）接雏后的管理

1. 温度

进雏后应尽快将育雏室的温度调整至32~34℃，随时观察鸡群的表现，以确定温度是否合适。一般温度适宜，鸡群分布均匀、活动自如、叫声欢快、采食饮水正常。若雏鸡紧靠热源，"叽叽"叫，饮水较少，说明环境温度偏低；若是远离热源，张开翅膀，张口喘气，饮水较多，说明环境温度过高，均应及时调整温度。除观察鸡群分布表现外，还要注意雏鸡表现，如当雏鸡张嘴喘气时，说明至少高出正常温度2℃，如果不及时调整，会影响雏鸡的采食量和生长发育，甚至造成脱水和死亡。对于笼养育雏更应注意这一点，而且要注意上下层温差。不同时期鸡只所要求的温度不同，应随日龄的增加逐渐调整温度。育雏温度每周降低2~3℃，直至保持在20~22℃为止。应根据鸡只的表现和实际温度情况，随时调整保温伞高度和围栏的大小，温度高时加高保温散，扩大围栏。

2. 饲喂

在公母分饲的情况下，将整栋鸡舍分成若干小圈，每圈饲养500~1 000只。这种规模有利于控制雏鸡的体重和均匀度，减少推挤，便于管理。0~6周龄的雏鸡应喂给蛋白质含量较高的雏鸡料，以保证雏鸡生长发育正常。第1周建议采取自由采食的饲喂方式，保证鸡群发育正常和较高的均匀度。最初饲喂，最好采用分散料盘手工喂料的方式，使雏鸡在3米以内很容易找到饲料。8~10日龄开始使用料线，并用逐渐缩短采食时间的方法进行限饲，以控制雏鸡体重增长，避免超重。因此，饲养时应以体重为标准，根据本场实际情况进行料量调整。

3. 饮水

（1）应随时保证饮水的清洁。育雏期间，由于舍内温度、湿度极有利于细菌繁殖,应每天彻底清洗饮水器。同时应保证饮水充足,饮水器的高度应随雏鸡日龄的增大及时调整,每天经常检查饮水器水量是否足够。

(2)每周对饮水管道和饮水器进行加压冲洗,以保证饮水清洁和供水畅通。对于乳头饮水器应每天抽查一定数量的乳头,以确定供水是否充足。如果通过饮水投药或添加多种维生素和矿物质,要注意对正常供水是否有影响,否则得不偿失。

(3)在免疫日以外,应经常向饮水中投放氯制剂或其他饮水消毒剂,以达到对饮水和饮水系统消毒的目的。使用氯制剂对水进行消毒时,水线中的有效氯浓度应为3~5毫克/升。

4. 湿度和通风

一般情况下鸡舍第1周要求湿度为60%~70%,育雏后期湿度降为50%~60%。如果进行球虫免疫,要求鸡舍湿度达70%~75%,否则容易造成免疫失败。雏鸡舍也需要一定的通风条件,在保证温度的前提下,应尽量定时换气。换气的方式可以机械通风,也可以自然通风。使用机械通风应注意风速不要太高,可增加通风次数。

5. 光照

控制肉种鸡的生长发育必须控制好光照程序。进鸡前3天,应给予24小时光照。母鸡第4天开始每天减少4小时,直到每天8小时光照为止。公鸡要求前4周自由采食,光照时间是4~7天22小时,第2周20小时,第3周18小时,第4周16小时。如果公鸡体重达不到标准,可适当延长光照。

6. 正确断喙

雏鸡断喙能有效防止肉鸡群啄肛、啄羽、啄蛋等恶癖,可减少饲料浪费,能使鸡群采食速度减慢、均匀,生长发育整齐,降低死淘率。雏鸡断喙是否正确合适,对日后的生产性能影响也很大,因而应掌握正确的断喙方法。

（1）建议断喙的日龄为5~7日龄。断喙前1天直至断喙后第2天，在饮水中加入适量的维生素和电解质，以尽量减少断喙引起的应激。断喙前3~4小时及断喙时，应把料盘加满，以避免断喙后雏鸡的喙因采食受到损伤，或啄食垫料使伤口受到污染。

（2）断喙时应按断喙日龄的早晚确定使用小孔、中孔或大孔。一般来说公鸡断喙应轻于母鸡，以免影响以后的受精率。例如，当母鸡用中孔时，公鸡应使用小孔；母鸡用小孔时，公鸡用小孔或只进行灼烧即可。

（3）将断喙器调至合适的温度，使得断喙后既能止血，又不会严重灼烧。

（4）断喙时，应切去喙尖至鼻孔的大约1/3部分。断喙时，应考虑到断喙后灼烧造成的"死喙"，不可断喙过重。一般来说刀片温度越高，断喙时将鸡嘴往刀片方向推挤力量越重，造成"死喙"越多。断喙时的正确手法是，用大拇指置于雏鸡颈后，食指放在颈下将其握住，将雏鸡头部略往下倾斜，并将其闭合的鸡嘴插入喙孔，同时食指略往后施加压力，使其舌头往后拉，以免烫伤舌头。脚踏断喙器，可将嘴停在刀体上2~3秒钟，以灼烧止血。要按说明书正确使用断喙器，并定量更换刀片，以确保断喙质量。

（5）断喙要一次完成，切勿在6~17周龄再进行修喙，以免引起感染。断喙完成后，应检查鸡群中是否有个别鸡发生出血现象，对个别出血的鸡进行二次轻度灼烧止血。

（6）断喙后应喂给破碎料，尽量不使用粉料，以免在伤口处形成糊状，从而加重出血，增加感染的机会。

（7）断喙时最好将体型较小的鸡分栏单独饲养，并增加料量1~2周，以提高鸡群均匀度。断喙应由专人进行，尽量减少断喙操作人数,以便有更好的整齐度。

## 二、育成期饲养管理(5~23周龄)

肉用种鸡育成期主要特点是消化机能已健全,采食量逐渐增加,骨骼肌肉发育迅速,性器官发育日益增快,尤其在育成后期极为明显,沉积脂肪的能力增强。因此,育成期如果饲喂不当,容易过肥超重,使产蛋率和交配能力下降,腿部疾病增多,受精率低。

(一)限制饲养

1. 限饲的目的

限饲是养好肉鸡的核心技术,目的是控制种鸡的生长速度和性成熟时间,使体重符合标准,整齐度好;使性成熟和体成熟同步,适时开产,群体开产整齐,初产蛋重大,高峰持续期长,合格种蛋率高。

2. 限饲的一般方法

(1)限时法。

每天限饲:每天喂给规定量的饲料或规定饲喂次数和采食时间。这种方法对鸡的刺激小,但易造成鸡群整齐度差。适于幼雏转入育成舍前的2~4周,或育成鸡转入产蛋前3~4周龄的鸡群。

隔日限饲:喂1天,停1天,把两天的饲料合在一天饲喂。停料的一天要自由饮水。由于一次投的料量充足,个体间采食比较均匀,鸡群整齐度较好。这种限饲方法的应激性比较强,适于生长速度较快的7~11周龄鸡群和体重超标的鸡群。在鸡群整齐度太差时使用较有效。

四三限饲法:每周喂4天停3天,一般在每周一、三、五停料。主要于5~12周龄时采用,对鸡群的应激比隔日限饲小。

五二限饲法:每周喂5天停2天,一般在周三和周日两天不喂料。

118

主要于9~22周龄时采用，对鸡群的应激相对较小，但比每日限饲及六一限饲法应激程度大。

六一限饲法：每周喂6天停1天，一般在周日停料一天。7~23周龄采用尤为有效。此法比每天限饲的应激程度稍大，目前应用得越来越多。

（2）限量法。每天每只鸡的喂料量减少到充分采食的70%~75%。采用这种方法必须先掌握鸡的正常采食量和鸡的数量，而且每天的喂料总量要正确称量。

（3）综合限饲法。此法效果好，根据生长期的不同，可采取不同的限饲方式。综合限饲方案示例：1~2周龄任意采食，3~4周龄每日限饲，5~9周龄隔日限饲，10~17周龄四三限饲，18周龄改为五二限饲，19~22周龄六一限饲，23周龄以后每日限饲。一般开产之前，应使限饲程度随鸡龄提高而逐步放宽，以利正常开产。至于限饲方式的选择，主要取决于鸡的实际体重与标准体重的差异。

3. 限饲时间

过去经典的限饲方案是种母鸡从3~4周龄开始，现在已提前至1周龄后，即2周龄起就限饲，以使雏鸡体重起伏不太大。事实上，肉种鸡从7日龄直到产蛋结束都应实行不同程度的限饲。种公鸡一般从5~6周龄，或当每只鸡每日摄取量达120克饲料时开始限饲，可使其骨骼得到充分发育。

4. 喂料量的确定

应根据不同肉鸡品种的体重标准、每周称重情况、季节、饲料的营养水平、鸡群状况等因素综合考虑，其最终目的是通过调整喂料量，达到规定的体重标准。

若实际体重比标准高，则下一周少增加料量或维持上一周的给料量，切不可减料；若实际体重比标准低，下一周的给料量适当增加，但不能在一周之内大幅度加料。为避免影响性成熟和体发育，要求在13~15周龄后，体重的生长曲线要与标准体重曲线平衡，直到性成熟。一般情况下，料量的增加要根据体重的增长变化，4~15周龄每周增重约100克，每日料量增加3~5克／只；15~20周龄每周增重约135克，每日料量增加6~7克／只；21~25周龄，顺季（光照从短变长，从冬至过渡到夏至）或遮黑式鸡舍中仍保持每周增重135克，逆季（光照从长变短，从夏至过渡到冬至）鸡群每周增重155~160克，每日料量增加7~8克。20周龄前每次增加料量的幅度一般不要超过8克。此外，一定要点准鸡数，才能做到准确给料，且一天的料量上午一次性投给。

5. 限饲鸡群的管理

（1）限饲前断喙，一般在5~9日龄进行。

（2）限饲前整理鸡群，将过轻过弱的鸡移出或淘汰。

（3）定期抽测体重，每周1次，随机抽取5%~10%。每日限饲时，在下午称重；隔日饲喂时，在停料日称重。

（4）保证合理的密度和饲喂条件，布料快速均匀，或者在开灯之前布好料。为了使鸡群保持良好的均匀度，应在3分钟内完成全部上料过程，并保证每只鸡都有足够的料位进行采食。设置辅料箱有助于加快放料速度，提高鸡群的均匀度。肉种鸡在喂料时，任何时候都应采取一天的料量一次全部投放的方法，而且要保证将这些饲料尽量均匀地放在所有的饲喂器内。

（5）注意鸡群的健康状态。如鸡群患病或接种疫苗等，应临时恢复自由采食，个别病弱鸡挑出单养。

（6）限水。为防垫料潮湿和消除球虫卵囊发育的环境，对限饲的鸡群也可适当限制饮水，但应谨慎从事。在喂料日可整天饮水，或在喂料日吃食前1小时开始饮水，直到吃完料后1~2小时停水，以后每2~3小时供水20~30分钟。限饲日上午8点开始饮水40~50分钟，以后每2~3小时供水20~30分钟，4次即可。在高温炎热天气和鸡群处于应激情况下，不可限水。

**（二）均匀度的管理**

肉鸡群均匀度不仅包括体重的整齐度，还包括骨骼和性成熟的整齐度。它是衡量育成效果的一个重要指标，直接影响鸡群的高峰产蛋率和总产蛋量。一般在任意肉鸡品种饲养手册内容中都设有标准体重表，其均匀度均以平均体重的正负10%计算。为了控制均匀度，每周随机抽取2%~5%的鸡称量体重。抽样比例取决于鸡群大小，5 000只以上的鸡群可抽取2%~3%，1 000~5 000只的鸡群可抽取5%，小鸡群称量的公母数分别不应少于40只。称量以后与本周体重标准比较，以此指导下周的饲料喂量。

鸡群均匀度的调整一般在10周龄以前基本完成，通常体重均匀度在80%为最低标准，80%~85%以上为优秀鸡群。为达此目的，应力求在饲喂方案和饲养管理方面加以改进和加强，提高均匀度。

如果鸡群均匀度太低，就应采取全群称重，并按大小分群，建议在9~10周龄进行。挑鸡分栏只是在均匀度较低时所采取的一种补救措施，频繁挑鸡分栏除了会增加工作量，也会对鸡群造成较大应激。分群后，对体重超标10%者，少加料或维持原来的喂量；对于中等体重者，以正常的加料速度进行；对于低于标准体重10%者，多加料。

据大多数肉鸡养殖者的经验，生长前期千万不要超重（5~10周龄），但可以使平均体重低于标准5%~10%；14~15周龄后体重应逐渐上升，以适应生殖器官及光照刺激的需要。如果错过了这一阶段的发育过程，以后将难以补偿，故育成中期（11~16周龄）达中等水平（达标），后期（17~20周龄）逐渐超标5%左右。值得注意的是，在育成后期不要过分强调均匀度，因为不管采取什么措施也不能使体大的鸡再变小；否则，会对鸡群的产蛋不利。

影响肉鸡群均匀度的因素很多，如饲养密度、料位、水位、断喙、疾病等，应尽量控制影响因素，提高鸡群的均匀度。

（三）公母分饲

育成期采取公母分养的饲养方式，对提高均匀度至关重要。因公母鸡生长速度不同，公鸡20周龄体重比母鸡约大30%，分饲有利于控制各自的体重，实现各自的培育目标；也有利于提高鸡群整齐度，减少公鸡腿脚病的发生率。从1日龄开始，将公母雏鸡分栏饲养到20周龄转入产蛋舍，20周龄以后混合饲养。

（四）光照方案

光照对种鸡性成熟的影响极大，光照方案不适当可导致开产推迟和产蛋性能不高。光照对种鸡的影响包括光照的长度和强度两个方面。育成期光照的要点是：避免增加光照。光照时间过长，会使鸡早产早衰，产蛋鸡残废率增高。

无论公鸡还是母鸡，在14周龄以后直至光刺激前都应达到标准体重后，才可实施足够强度和长度的光刺激。对于体重没有达到标准，发育状况不好的鸡群，不管均匀度如何都应推迟第1次开始光照刺激的日龄。

为达到性成熟准时和整齐一致，所有的灯必须保持干净且工作正常，损坏的灯泡必须立即更换。特别是对于密闭式鸡舍，这点尤为重要。应经常检查灯光定时钟是否准确且工作正常，并定期观察开关灯时间与设定的时间是否一致。

育成期间，绝对不能增加光照时间和强度。光刺激开始以后，直至产蛋期结束，绝对不能减少光照时数和强度。育成期内要保证闭灯以后鸡舍遮黑良好，闭灯后光照强度应小于0.5勒克斯。鸡舍漏光或达不到要求,会降低密闭鸡舍的育成效果,对进风口和排风扇必须加装遮光挡板。

密闭肉鸡舍的最大优点在于能严格人工控制光照,可使用灯光定时器控制光照方案的实施。开放式鸡舍育成期鸡群的光照方案,应根据其在育成期的自然光照是顺季还是逆季而有所不同。顺季鸡群指在开放式鸡舍内育成,并且在性成熟期间处于自然光照逐渐延长的鸡群。逆季鸡群指在开放式鸡舍内育成,并且在性成熟期间处于自然光照逐渐缩短的鸡群。

1. 顺季鸡群的光照方案

典型的完全顺季鸡群应该是在12周龄以后直至第1次光刺激时,鸡群始终处于自然光照逐渐延长的时期。这样的鸡群可在20周龄以前采取自然光照,20周龄后一次性加光到15小时,1周后加到16.5小时或17小时。实际上只有每年的10月初至1月中旬出孵的种鸡,才是这种典型的完全顺季鸡群。

对于典型的完全顺季鸡群以外的顺季鸡群,实际上都在12~21周龄内的某些周龄段产生光照时数减少的情况,或达不到12小时光照。在这些周龄段,必须采用人工补光的形式使鸡群所处的光照不致减少,否则鸡群仍有可能推迟开产,对于这样的鸡群称之为不完全顺季鸡群。例如:以北京地区为例,一个8月15日进鸡的种鸡群,尽管其为顺季鸡群,但由于12~18周龄自然光照逐渐缩短,从而仍会造成本群鸡推迟开产。为了保证鸡群正常开产,必须在12周龄以后保持恒定光照,即相当于鸡群20周龄时的自然光照时间,20周龄后每周增加1小时,直到16.5小时或17小时。

实际上,光照中的一个重要原则是,无论是顺季鸡群还是逆季鸡群,12周龄以后直至第1次光刺激时,光照时间都不能缩短且不能低于12小时。

2. 逆季鸡群的光照方案

12周龄以前可以采取自然光照的形式，有条件的可以适当遮暗。13周龄开始以后的各周龄，光照不能再缩短，早晚用人工补光固定，维持相当于12周龄时的恒定光照。20周龄时开始加光到14小时，以后每一周半时间增加1小时光照，直到16.5小时或17小时。

另一种方案是，使用自然光照到19周龄，如果19周龄光照时间在12小时以上，20周龄时一次加到16小时，1周后加到17小时。如果自然光照不足12小时，初次加光到15小时，以后两周分别加到16小时和17小时。

### 三、产蛋期的饲养管理

（一）从育成至种用期的转换

19~25周龄是种鸡生长和发育的最关键时期，要完成两方面的转换：光照刺激促进性成熟；饲料从生长鸡料转为预产料，再转为种鸡料。这些转换都要协调进行，保证肉鸡正好达到适宜体重时开产。如体重在建议范围内，小母鸡从19周龄起开始增加光照时间和强度，以刺激生殖系统发育，使鸡群大约在24周龄时开产。体重在建议范围内，给料量可以继续增加，从20周龄起，限饲的同时将生长料换成预产料（钙2%，其他成分同产蛋料）。在23~24周龄改为每日限饲，控制采食量；25周龄左右即开产后改喂产蛋鸡料，并逐渐酌情增加喂料量。这一阶段直至产蛋高峰，每周应在饮水中添加适当的维生素和矿物质。

为了提高种鸡的受精率，就要确保适当的公母比例。开产时，保留11%的公鸡比例是合适的。应尽早淘汰鸡群中鉴别错误的鸡。此外，务必在20周龄以前将产蛋箱安装完毕，以便在产第1枚蛋以前母鸡有足够的时间熟悉并适应产蛋箱。产蛋箱的数量应足够，每只产蛋箱按4只母鸡计算。安装产蛋箱时，要重视对进入鸡舍的所有物品和人员的严格消毒，以免将病原带入鸡舍。

开产前1周将产蛋箱门打开，但夜间关闭。训练母鸡进箱产蛋，要耐心、细致，否则破蛋、脏蛋、窝外蛋数量就会上升。母鸡在23～25周龄的临产阶段，常表现出高度神经质，极易惊群造成异常蛋增加，严重者产蛋率下降。因此应尽量减少各种应激，一些必须进行的操作，如接种疫苗、抗体监测、选择淘汰、清点鸡数等，都应在此之前完成。

随着产蛋率的增加，要逐渐增加集蛋次数。每次的集蛋数量不应多于全天产蛋总数的30％，产蛋率达50％以上时，每天应集蛋5次，每天最后一次集蛋的时间不应太早，以避免太多的种蛋在产蛋窝内过夜。

（二）开产后至高峰期的营养

一般来说鸡群的均匀度越好，开产就越整齐一致，产蛋率上升的速度就越快，高峰就越高。在这种情况下，就要根据产蛋上升的幅度及时增加饲料。必要时，开产后可每天增加一定量的饲料，直至产蛋率为35％～40％时，达到高峰料量。对于推迟开产的鸡群，往往产蛋率上升速度较慢，高峰也较低，过快地增加饲料只会增加体重，对后期的产蛋率和受精率造成损失。

为了便于将种鸡的实际体重与标准体重随时比较，及时调整料量，应将实际体重与标准体重绘制到同一曲线表中，来指导增料和体重控制方案。以下通过一个例子说明增料的方法，但在生产中应根据鸡群的实际情况进行调整，不可生搬硬套。

例：如鸡群开产时（5％产蛋率）喂料量为每日132克／只，计划高峰料量为每日168克／只。原则上，50％产蛋率时加到高峰料量，那么我们可以计划产蛋率每提高5％时就增加一次料量，则从5％到

50%共需增加料量9次,因而:

168-132=36克(增至高峰料量总计可加36克),36÷9=4克/只。

即实际生产中,产蛋率每增加5%就可增加料量4克/只,直至达到高峰期最大饲喂量。

高峰料量的高低是由种鸡的体重、高峰产蛋率、饲料营养水平、开产周龄和季节所决定的。喂料的原则是:保证鸡群中最弱小的鸡也能够从饲料中摄取到足够用以维持正常体重和产蛋的营养素量。

在接近产蛋高峰日(在30~31周龄),产蛋率上升迟缓,可试探性增料。肉鸡群的产蛋率达高峰后持续5天不再增加,在高峰料量的基础上每只鸡料量增加3~5克,连续3~5天,如产蛋率继续上升,则应用此法,直至产蛋率不再上升,再恢复到前一次的饲喂量。产蛋高峰后的4~5周内,饲料量一般不能减少,因产蛋数虽然减少了,而蛋重仍然在增加,因此应保持最大饲喂量,以延长高峰持续时间,减缓产蛋率的下降。

(三)高峰过后的给料方案

高峰后的喂料方案,应随着种鸡的体重、高峰产蛋率、高峰料量的高低和季节等条件的不同来确定。为了实现全程产蛋的持续性,提高种蛋受精率,降低母鸡死亡率,必须在产蛋高峰一过就开始控制母鸡体重。

正常情况下,如果在产蛋高峰到达以后,产蛋率5~6天不再上升,应考虑开始减料3~5克/(只·天),然后观察种鸡的产蛋率和体重变化情况,如无异常,在1周后再降1~2克/(只·天),2周后降料0.5~1克/(只·天)。如产蛋下降过多,应暂缓减料或恢复到前一周的料量水平。技术人员如对降料方案缺乏经验,应详细记录减料过程,在产蛋高峰时对母鸡称重,并在产蛋高峰后3~4周再次抽样称重, 观察体重的变化。如果体重增加较多, 说明减料幅度不够, 在以后的方案中应进行调整 (正常情况产蛋高峰期间母鸡每周增重保持在30~40克即可), 从而摸索出适合于本场的减料方案。降料方案务必考虑不同季节的气候因素。如遇气候突然变化, 以及光照、饲料和健康等原因引起产蛋下降时, 不要立即减少给料, 应首先消除上述不利应激因素, 然后观察2~3周, 视产蛋恢复情况和体重增加情况, 再决定是否继续减料和减料幅度。产蛋高峰以后, 每2~3周称重一次是必要的, 以便掌握合理的降料速度。这期间只要每周维持10~15克的增重即可。

## 四、种公鸡的饲养管理

种公鸡管理目标是最大限度地发挥其遗传潜能。过去, 通常是父母代种鸡场饲养者在育成期公鸡体重控制方面做得比较成功, 但是, 一旦进入产蛋期, 母鸡开始自由采食 (28周龄左右), 公鸡的体重就会随之超过标准, 并出现脚垫肿胀、腿部疾病等问题, 使种蛋孵化率下降。这样, 45~50周龄时就不得不再增加新公鸡。

进种雏时, 种公雏所需数量是依据能获得最大受精率的公鸡数加上育雏育成期预计死淘的数量而定的。如果是自然交配, 一般情况下, 公雏的数量是母雏的14%~15%; 如果是人工授精, 种公雏数量可适当减少。入舍混群时, 建议公母比例为12:100; 鸡群在40~45周龄后, 如果公鸡饲养不佳, 受精率较差, 可以适当补充当年公鸡, 淘汰无用的公鸡, 提高公母比例, 但是需注意严防疾病的传入。

(一) 育雏育成期种公鸡的管理

1. 种公鸡的断喙

在饲养管理过程中, 对种公鸡必须进行断喙, 以防止啄羽和相互之间打斗而造成损伤。但是公鸡的断喙又与母鸡有所不同，如果留的与母鸡一样短，就会影响公鸡的交配能力，降低种蛋受精率。鉴于以上原因，建议把种公鸡的喙留得较母鸡略长些。

一般来说，公鸡的体型较母鸡小，而公鸡的喙又要留得较母鸡略长。基于这两个原因可以推迟对公鸡断喙，即把公鸡的断喙安排在7~8日龄进行，使用11/64单位（4.5毫米）的断喙片。为了减少因操作者不同而产生的误差，最好由同一个人进行操作。注意保证公鸡断喙的质量是提高种公鸡均匀度的关键。

2. 种公鸡的饲喂

20周龄前建议实行公母分饲，主要是有利于控制种公鸡每周的体重增长，有利于更好地观察公鸡的健康和发育情况。种公鸡前4周的饲养十分重要，因为公鸡骨架及双腿在此期间正在发育，如体重偏轻，公鸡后期体型会偏小，严重影响日后的交配及受精率。因此，公鸡在前4周必须达到体重标准。为了让公鸡在前期发育充分，建议公鸡在前3~4周实行自由采食。当公鸡栏和母鸡栏在同一栋鸡舍中时，公鸡采用和母鸡相同的限料方式，这样就能避免因给料时间不同而造成鸡群的应激。

16周龄左右，应快速增加饲料，以使公鸡体重能够适应性成熟的需求。通过合适的体重和光照控制，在开产时使公鸡对母鸡有绝对的统治地位。如育成期体重控制太过，会延迟公鸡的性成熟；性成熟不足的公鸡会终生怕母鸡，这会严重影响公鸡的交配活动。

性成熟时，公鸡体重一般应比母鸡体重高出25%~30%，且整个产蛋期贯穿始终。性成熟后公鸡体重应缓慢增加，每周增加10~15克。因此应准确给料，同时上料要均匀、快速，以保证产蛋期公鸡较好的均匀度。

3. 公鸡的入舍

育成结束后需转入产蛋鸡舍时, 应将公鸡较母鸡提前1周左右转入, 这样有助于公鸡的性成熟, 公鸡可以提前适应环境和设备, 在母鸡入舍前获得适当的发育和所需的体重。如果采用育雏、育成、产蛋在同一鸡舍中进行的饲养管理方式, 应在天黑后舍内黑暗时把转入母鸡群的公鸡均匀地放置到鸡舍中, 以减少鸡群的应激。

4. 公鸡的选留

一般情况下, 公鸡在21～23周龄期间就要根据其体重、健康状况、活力、脚趾、背部、断喙、性成熟等指标进行选留。一般留用比例为12：100(公鸡和母鸡比), 同时淘汰鉴别错误的公鸡。

(二)产蛋期公鸡的饲喂

为了使产蛋后期公鸡不至于过肥而影响受精率, 产蛋期要实行公母鸡分开饲喂。在母鸡料槽上装上鸡栅, 使头部较大的公鸡不能采食母鸡料; 公鸡的料桶高45～50厘米, 使母鸡吃不到公鸡料。母鸡喂料应比公鸡喂料提前10～20分钟, 这样可以使母鸡离开公鸡料桶到母鸡料线上吃料。

没有特殊情况, 产蛋期公鸡料量不允许减少, 且随着公鸡体重的增加应每3～4周增加0.5克饲料。饲料给量不足, 将导致公鸡性活动能力下降。

当公鸡体重接近6千克时, 体重越大, 受精率越低, 因此公鸡平均体重在淘汰前要控制在5千克以下。需要注意的是, 公鸡的体重并不是衡量公鸡肥瘦状况的唯一标准, 育成期体型大的鸡虽然超重, 也可能并不过肥。因而, 应经常检查公鸡的身体状况, 成熟的公鸡应充满活力, 胸肉手感结实而不过肥。

# 第九章　肉鸡常见病的防控

## 一、肉鸡病毒性传染病的防控

### （一）鸡新城疫

鸡新城疫又称亚洲鸡瘟、伪鸡瘟，我国俗称鸡瘟。这是由病毒引起的一种急性、败血性并具有高度接触性传染病，主要侵害鸡和火鸡。雏鸡抵抗力弱，比成年鸡易感性高。其特征是呼吸困难，下痢和神经紊乱。主要病理变化为黏膜和浆膜出血，腺胃黏膜出血。本病是严重危害养鸡业的重要疾病之一，死亡率很高。其他禽类和野禽也能感染，也可感染人。

【病原】

本病的病原是鸡新城疫病毒。病毒能在鸡胚内及多种动物细胞组织上生长，存在于病鸡的所有组织、器官、体液、分泌物和排泄物中，以脑、脾、肺含毒量最高，而以骨髓含毒时间最长。附着在蛋上的病毒，在孵化箱中可存活126天，室温中可存活235天。

病毒对湿热、腐败、日光及化学药品抵抗力不强。加热到55~75℃，30分钟可杀死；阳光直射48小时死亡；粪便中的病毒经72小时即失去毒力；70%酒精、1%碘酊、2%氢氧化钠、1%~2%福尔马林及3%漂白粉等溶液，均可用于消毒。

新城疫病毒按毒力大小可分为三大类：低毒力株（弱毒株）、中等毒力株和强毒力株。

【流行病学】

病鸡和带毒鸡是本病的主要传染源。传播途径主要是呼吸道和消化道,空气、排泄物及污染的饲料、饮水和用具均可传播本病。病毒也可通过损伤的皮肤和黏膜进入机体,或通过蚊虫叮咬来传播,带毒的野鸟也可传播本病。

本病一年四季均可发生,但以春、秋两季最多。鸡舍通风不良造成鸡群抵抗力下降或购入貌似健康的带毒鸡,均可使本病散播。由于免疫程序不当,或有其他疾病存在而抑制新城疫抗体的产生,常引起免疫鸡群发生新城疫而呈非典型的症状和病变,其发病率和死亡率略低。

【临床症状】

自然感染的潜伏期一般为3~5天,人工感染为2~5天,根据临床表现和病程的长短,可分为最急性、急性、亚急性或慢性三型。

最急性型:突然发病,常无特征症状而迅速死亡。多见于流行初期和雏鸡。

急性型:病初体温升高达43~44℃,食欲减退或废绝,有渴感,精神萎靡,不愿走动,垂头缩颈或翅膀下垂,眼半开或全闭,状似昏睡,鸡冠及肉髯渐变暗红色或暗紫色,母鸡产蛋停止或产软壳蛋。随着病程的发展,出现比较典型的症状:病鸡咳嗽,呼吸困难,有黏液性鼻漏,常伸头张口呼吸,并发出"咯咯"的喘鸣声或尖锐的叫声。嗉囊内充满液体内容物,倒提时有大量酸臭的液体从口内流出。粪便稀薄,呈黄绿色或黄白色,有时混有少量血液,后期有蛋清样排泄物。有的病鸡还出现神经症状,如翅腿麻痹等,最后体温下降,不久昏迷死亡。1月龄内的小鸡病程较短,症状不明显,死亡率高。

亚急性或慢性型:初期症状与急性相似,不久渐见减轻,但同时出现神经症状,患鸡翅腿麻痹,跛行或站立不稳,头颈向后或向一侧扭转,常伏地旋转,动作失调,反复发作,最终出现瘫痪或半瘫痪。此型多发生于流行后期的成年鸡,病死率较低。

免疫鸡群中发生新城疫，多表现亚临床症状或非典型症状，发病率及病死率较低，主要出现呼吸道症状和神经系统障碍。

【病理变化】

典型的新城疫病变表现为全身败血症，以消化道和呼吸道更明显。嗉囊充满酸臭味的稀薄液体和气体。腺胃黏膜水肿，其乳头间有鲜明的出血点，或有溃疡和坏死，这是具有比较特征的病变。肌胃角质层下也常见有出血点。由小肠到盲肠和直肠黏膜有大小不等的出血点，肠黏膜上有纤维性坏死性病变。有的形成假膜，假膜脱落后即成溃疡。盲肠扁桃体常见肿大出血和坏死。气管出血或坏死，周围组织水肿。肺有时可见淤血或水肿。心冠脂肪有细小如针状大的出血点。产蛋母鸡的卵泡和输卵管显著充血，卵泡极易破裂，以致卵黄流入腹腔引起卵黄性腹膜炎。脾、肝和肾无特殊病变。脑膜充血或出血，而脑实质无眼观变化，仅于组织学检查时见明显的非化脓性脑炎病变。

免疫鸡群发生新城疫时，其病变不典型，直肠黏膜和盲肠扁桃体多见出血，喉头和气管黏膜充血，腺胃乳头出血少见，但多剖检数只，可见有的病鸡腺胃乳头有少数出血点。

【诊断】

典型的鸡新城疫可根据流行病学、症状和具有特征性的病理变化做出初步诊断。非典型新城疫还须进行病原学和血清学诊断。病毒分离和鉴定是诊断最可靠的方法，常用的是鸡胚接种及荧光抗体试验等。

本病应注意与禽霍乱、传染性支气管炎和禽流感相区别。

【预防】

鸡新城疫的预防需要采取综合措施，包括杜绝病原侵入鸡群和合理做好预防接种。

要有严格的卫生防疫制度,防止一切带毒动物(特别是鸟类)和污染物品进入鸡群,进出的人员和车辆应该消毒,饲料来源要安全,不从疫区引进种蛋和鸡苗。新购进的鸡隔离观察2周以上,再接种鸡新城疫疫苗,证明健康者方可合群。

合理做好预防免疫接种可增强鸡群的特异免疫力,是防治鸡新城疫的关键措施之一。目前我国生产的鸡新城疫疫苗有两大类,即弱毒疫苗和灭活疫苗。常用的弱毒疫苗包括Ⅰ系苗、Ⅱ系苗、Ⅲ系苗和Ⅳ系苗。

Ⅰ系苗是一种中等毒力的活苗,用于经过两次弱毒力的疫苗免疫后的鸡或2月龄以上的鸡,接种疫苗后3~4天即产生免疫力,免疫期为1年。多采用肌肉注射和刺种的方法接种。接种此疫苗鸡群可能发生轻重不等的反应。

Ⅱ系、Ⅲ系苗毒力比Ⅰ系苗弱,主要适用于雏鸡免疫。此苗对幼雏免疫期短,免疫期因鸡体本身免疫状态和日龄有所不同。一般用滴鼻或点眼法接种。

Ⅳ系苗毒力比Ⅱ系和Ⅲ系苗稍强,大小鸡均可使用。多采用滴鼻、点眼、饮水及气雾等方法接种。Ⅳ系苗免疫力和免疫持续期都比Ⅱ系苗好,已在我国广泛应用。

目前肉鸡常用的疫苗有:新城疫Ⅱ系活疫苗、新城疫Ⅳ系活疫苗、新城疫油佐剂灭活苗。由于疫苗的毒力有所不同,在进行预防接种时应根据鸡群日龄的大小、免疫状态和免疫方式等选用相应的疫苗。

【治疗】

鸡群一旦发生本病,应采取紧急措施,防止疫情扩大。主要措施有封锁鸡场,紧急消毒,分群隔离。对于新城疫无有效的治疗方法,为了减少损失,可对病鸡群及时用疫苗进行紧急接种,必要时可以用高免血清或卵黄抗体进行注射,待病情稳定后再用疫苗接种。当疫区最后一个病例处埋后2周,经严格的终末消毒后,方可解除封锁。

### (二)鸡马立克病

马立克病是由疱疹病毒引起的一种烈性传染病,以外周神经、性腺、虹膜、各种脏器、肌肉和皮肤的多形性淋巴细胞浸润为特征。雏鸡对病毒的易感性高,日龄越小易感性越高。肉用仔鸡在40日龄之后发病的较多,常常带病屠宰。

【病原】

马立克病病毒是一种疱疹病毒,对外界环境有很强的抵抗力,病毒可长期存在于鸡群中。病毒在垫料中,室温条件下感染性可保持16周;病鸡干燥的羽毛,在室温下其传染性可保持4~8个月,在4℃时至少为7年。该病毒对化学药剂很敏感,许多常用化学消毒剂作用10分钟可使病毒失活,福尔马林熏蒸可在短期内灭活。

【流行病学】

马立克病遍布世界各国,很少有未被感染的鸡群。未经免疫或免疫失败的鸡群患病后,死亡率达25%~30%,有的甚至高达60%。因此,本病造成的经济损失相当大。病鸡和带毒鸡是主要的传染源,空气传播是本病的主要传播途径,不垂直传播。病鸡的排泄物和分泌物可污染饲料、饮水和环境。在羽囊上皮细胞中复制的病毒,随羽毛皮屑排出,使污染鸡舍的灰尘成年累月保持传染性。传染性法氏囊病和传染性贫血病等,可增加马立克病的发病率。

【临床症状】

根据症状和病变发生的主要部位,本病在临床上可分为四种类型:神经型(古典型)、内脏型(急性型)、眼型和皮肤型。有时也可混合发生。

1. 神经型（古典型）

马立克病病毒主要侵害外周神经，由于侵害的部位不同，症状不同。坐骨神经受损，表现为步态不稳，以后完全麻痹，不能行走，蹲伏地上，形成一腿伸向前方，另一腿伸向后方的特征性姿势。翅神经受损，以下垂为特征。迷走神经受损，可引起嗉囊扩张或喘息。

2. 内脏型（急性型）

该型的特征是一种或多种内脏器官及性腺发生肿瘤。多呈急性暴发，发病初期无明显症状，病鸡因脱水、消瘦最终衰竭死亡。

3. 眼型

单眼或双眼虹膜失去正常色素，呈同心环状或斑点状以至弥漫的灰白色，严重者单眼或双眼失明。

4. 皮肤型

表现为羽囊肿大，以羽囊为中心，在皮肤上形成结节。病程较长。

上述各型的症状可发生于同一鸡群，甚至同一只鸡。

【病理变化】

最常见的病变部位是外周神经，以腹腔神经丛、前肠系膜神经丛、臂神经丛、坐骨神经丛和内脏大神经最常见。受害神经增粗，横纹消失，变为灰白色或黄白色，有时呈水肿样，局部或弥漫性增粗可达正常的2~3倍以上。病变常为单侧性，在剖检时应注意与另一侧变化轻微的神经相比较。

内脏器官被侵害时可见大小不等的肿瘤块，灰白色，整个器官肿大。最常被侵害的是卵巢，其次为肾、脾、肝、心、肺、胰肠系膜、腺胃和肠道，肌肉和皮肤也可被侵害。法氏囊通常萎缩，有时发生弥漫性增厚，但不会形成结节状肿瘤。

【诊断】

马立克病的诊断必须根据流行病学、临床症状、病理学和肿瘤标记作出结论。神经型马立克病可根据病鸡特征性麻痹症状及相应外周神经的病理变化确定诊断。内脏型马立克病应与鸡淋巴白血病相区别。

【预防】

防治马立克病，疫苗接种是关键，要防止雏鸡早期感染，雏鸡出壳后立即注射马立克病疫苗，并保证疫苗的有效性。同时，需配合综合防治措施，孵化场和鸡舍要严格消毒，加强饲养管理和防止其他感染。另外，育成生产性能好、对马立克病抗病力强的品种或品系对控制马立克病有重要意义。

（三）禽流感

禽流感又称"真性鸡瘟"或"欧洲鸡瘟"，是由甲型流感病毒引起的家禽和野禽的一种传染病，能引起鸡、火鸡感染和大批死亡，也可感染人。该病几乎遍及世界各国，被世界动物卫生组织定为A类传染病。禽流感给养禽业造成巨大的经济损失，是威胁养禽业的头号大敌。

【病原】

禽流感病毒为正黏病毒科流感病毒属，为甲型流感病毒。根据流感病毒的血凝素和神经氨酸酶的差异，可将其分为不同的亚型。到目前为止，高致病性毒株多为$H_5$和$H_9$两个亚型。

流感病毒的囊膜表面具有血凝素，能凝集多种动物的红细胞，并能被特异的抗血清所抑制。流感病毒对乙醚、氯仿、丙酮等脂溶剂敏感。20％乙醚4℃处理2小时可使病毒裂解。常用消毒药容易将其灭活，如福尔马林、过氧乙酸、漂白粉、氢氧化钠等。流感病毒对热也比较敏感，56℃加热30分钟，60℃加热10分钟，65～70℃加热数分钟即丧失活性。直射阳光下40～48小时即可灭活病毒，紫外线照射可迅速破坏其感染性。在自然条件下，存在于鼻腔分泌物和粪便中的病毒,由于受到有机物保护,具有极大的抵抗力。粪便中病毒的传染性在4℃可保持30~35天,20℃可存活7天。

【流行病学】

禽流感病毒呈世界性分布。许多家禽、野禽和鸟类都对禽流感病毒敏感。感染发病的家禽、野禽、鸟类和其他动物均可传播该病。一般认为本病是通过多种途径传播的,常通过消化道、呼吸道、皮肤损伤和眼结膜传染。病禽的分泌物、排泄物和尸体等能污染一切物品,如饲养管理器具、设备、授精工具、饲料、饮水、衣物和运输车辆等均可成为病原的机械性传播媒介。吸血昆虫可传播病毒。病禽的蛋可以带毒并通过蛋垂直传播。

禽流感的发病率和死亡率受多种因素影响,既与禽的种类及易感性有关,又与毒株的毒力有关,还与年龄、性别、环境因素、饲养条件以及并发疾病有关。

【临床症状】

禽流感潜伏期的长短与病毒的致病性高低、感染强度、传播途径和易感禽的种类有关,潜伏期从几小时到几天不等。宿主、毒株和其他因素等条件不同,症状差别也很大。病禽主要表现为呼吸道、消化道、生殖道及神经系统症状。

最急性型:由高致病性病毒引起,会突然暴发,不出现任何症状而突然死亡。

急性型:由中等毒力的病毒引起,一般病程很短,潜伏期4~5天。病鸡精神沉郁,不吃,不愿走动,羽毛松乱,头翅下垂,鸡冠和肉髯呈暗紫色。母鸡产蛋停止,头颈部常出现水肿,眼睑、肉髯和跗关节肿胀。眼结膜发炎,分泌物增多。鼻腔有黏液性分泌物,病鸡常摇头,企图甩出分泌物,严重者可引起窒息。有的病鸡出现神经症状,瘫痪和失明。病死率可达50%~100%。

慢性型：由低毒力的病毒所引起，临床表现为轻微的呼吸道症状，发病率和死亡率均低。

【病理变化】

病理变化因感染病毒株毒力的强弱和禽的种类不同而异。如果感染高致病性毒株，死亡快，可见明显的病变。一般死于本病的禽类都表现不同程度的充血、出血、渗出和坏死变化。典型的剖检变化是口腔、腺胃、肌胃角质膜下层和十二指肠出血。肝、脾、肾和肺常见灰黄色坏死灶。气囊、腹膜和输卵管表面有灰黄色渗出物，并常见有纤维素性心包炎。组织学检查为非化脓性弥漫性脑炎变化，神经细胞变性，坏死灶周围有神经胶质细胞增生。

【诊断】

根据流行特点、临床症状和病理变化可做出初步诊断。由于本病的临床症状和病理变化差异很大，所以确诊必须依靠病毒的分离鉴定和血清学试验。禽流感与某些禽病的症状、病变相似，需注意区别诊断，如鸡新城疫、传染性支气管炎、传染性喉气管炎、传染性鼻炎、支原体病等。

【预防】

首先要保证各地在引进禽类及其产品时一定要来自无禽流感的养禽场，其次要搞好检测，定期检测禽群。对查出血清阳性的养禽场，要采取切实可行的措施，加强监测，防止疫源扩散。一旦发生禽流感，要划分疫区，严格封锁，扑灭所有感染禽类，并进行彻底消毒，按照国家规定严格执行防疫措施。

【治疗】

目前对禽流感还没有切实有效的治疗方法。流行过程中不主张治疗，以免使疫情扩散。

灭活疫苗对预防本病有一定效果，但应用并不广泛。由于禽流感病毒血清亚型较多，不同的血清亚型之间缺乏保护作用，免疫后还可能诱发病毒的突变。

（四）鸡传染性法氏囊病

本病是由传染性法氏囊病病毒引起的幼鸡的一种免疫抑制性、高度接触传染性疫病。发病率高，病程短，是严重威胁养鸡业的重要传染病之一。它的危害在于引起鸡死亡率、淘汰率增加；导致免疫抑制，使多种有效疫苗对鸡的免疫应答下降，造成免疫失败；使鸡对病原易感性增加，造成巨大的经济损失。本病与鸡新城疫、马立克病并列，构成危害养鸡业的三大传染病。

【病原】

传染性法氏囊病病毒耐热、耐酸、不耐碱。56℃加热3小时病毒效价不受影响，60℃加热90分钟或70℃加热30分钟可灭活病毒。在酸碱度2的环境中60分钟仍存活，酸碱度12时60分钟可灭活病毒。病毒对消毒药抵抗力强，0.5%酚和0.125%硫柳汞1小时不能将其灭活；对0.5%氯化铵敏感，10分钟可以灭活病毒。

【流行病学】

本病一年四季均可发生，5—8月是发病高峰期。鸡对本病最易感，火鸡可隐性感染，鸭和鹅也可感染发病。主要发生于2~15周龄的鸡，3~6周龄的鸡最易感，成年鸡一般呈隐性经过。

病鸡是主要传染源，其粪便中含有大量的病毒，污染饲料、饮水、垫料、用具、人员等，通过直接和间接传播。老鼠和甲虫也可间接传播，还可通过污染病毒的种蛋垂直传播。

本病往往突然发生，传播迅速。当鸡舍发现有被感染鸡时，在短时间内该鸡舍所有鸡都可被感染，通常感染后第3天开始死亡，5~7天达到高峰，以后很快停息，表现为高峰死亡和迅速康复的曲线。死亡率一般为10%~30%，严重发病群死亡率可达60%以上。

【临床症状】

本病潜伏期为2～3天，最初发现有些鸡啄自己的泄殖腔，随即病鸡出现腹泻，排出白色黏稠和水样稀粪，泄殖腔周围的羽毛被粪便污染。随着病程的发展，病鸡采食减少，畏寒，常扎堆在一起，严重者头垂地，闭眼呈昏睡状态。到后期因严重脱水，极度虚弱，导致死亡。总之，本病的突出表现为发病突然，发病率高，死亡集中，在很短的几天达到高峰，以及鸡群的康复较为迅速。鸡群的饲养管理卫生条件愈差，流行时鸡的日龄愈小，发病率和死亡率一般也愈高。

【病理变化】

病死鸡表现脱水，腿部和胸部肌肉出血，翅膀的皮下、心肌、肌胃浆膜下、肠黏膜、腺胃和肌胃交界处的黏膜有出血点，肾脏肿大，表面上常见均匀散布的小坏死点。法氏囊的病变具有特征性，法氏囊水肿和出血，体积增大，有的法氏囊可肿大2~3倍。法氏囊大多可见出血，呈点状或出血斑，严重者法氏囊内充满血块，外观呈紫葡萄状。病程长的法氏囊萎缩，呈灰黑色，有的法氏囊内有干酪样坏死物。肝脏略肿、质脆，颜色发黄，呈条纹状。有的肝表面可见出血点。肾肿大，呈斑纹状。输尿管中有尿酸盐沉积。

【诊断】

根据本病的流行特点、症状和剖检变化的特征，如突然发病，传播迅速，发病率高，有明显的高峰死亡曲线和迅速康复的特点；法氏囊水肿和出血，体积增大，黏膜皱褶多且混浊不清，严重者法氏囊内有干酪样分泌物，可做出初步诊断。确诊还需病毒分离鉴定，血清学试验和易感鸡接种。本病须与鸡新城疫、传染性支气管炎、包涵体肝炎、淋巴细胞性白血病、马立克病、磺胺药中毒、真菌中毒和大肠杆菌病相鉴别。诊断时关键应注意法氏囊及肝脏的变化，患传染性法氏囊病时,法氏囊肿大、出血,周围有一层胶冻状水肿,肝脏呈红黄相间的条纹状,而上述疾病无此变化。

【预防】

预防和控制法氏囊病,需要采取综合防治措施。首先要注意对环境的消毒,特别是育雏室。用有效消毒药对环境、鸡舍、用具、笼具进行喷洒,经4~6小时后,进行彻底清扫和冲洗,然后再经2~3次消毒。其次是提高种鸡的抗体水平,雏鸡可获得较高的母源抗体,能防止雏鸡早期感染。另外,要进行疫苗接种。在疫苗接种之前,先确定首免日龄,应用琼扩试验测定雏鸡母源抗体消长情况。1日龄雏鸡测定阳性率不到80%的鸡群,在10~17日龄首免;阳性率达80%~100%的鸡群,在7~10日龄再检测一次抗体,阳性率低于50%时14~21日龄首免,阳性率高于50%时应在17~24日龄接种。

目前常用的疫苗有两大类(活毒疫苗和灭活疫苗)。活苗有三种类型,一是弱毒苗,对法氏囊没有任何损害,免疫后抗体产生迟,效价较低;二是中等毒力苗,接种后对法氏囊有轻度损伤,这种反应在10天后消失,对血清Ⅰ型强毒的保护率高,在污染场使用这类疫苗效果较好;三是毒力苗,对法氏囊的损伤严重,并有免疫干扰,目前不再使用。灭活苗有细胞毒或鸡胚毒,还有用病死鸡的法氏囊组织制备的灭活苗,对鸡免疫可获得很好的免疫效果。

【治疗】

目前对本病还没有特效的治疗方法,发病早期用法氏囊病高免血清或康复血清进行注射,每只鸡皮下注射0.5毫升;也可以用高免鸡所产的蛋制备卵黄抗体进行注射,对鸡群有较好的疗效,但制备卵黄抗体要防止鸡胚散播疾病。高免血清和卵黄抗体对法氏囊病发病鸡群治疗,一般只能维持10天左右,因此在治愈后还应对鸡群进行主动免疫。

加强饲养管理。适当降低饲料中的蛋白含量,提高维生素的含量,适当提高鸡舍的温度,饮水中加5%的糖或补液盐,减少各种应激。对鸡舍和养鸡环境进行严格的消毒,有机碘制剂、含氯制剂或福尔马林对此病病毒有较强的杀灭作用。

(五)鸡传染性支气管炎

鸡传染性支气管炎是由病毒引起的鸡的一种急性、高度接触性呼吸道疾病。其主要特征是发病和传播速度快,病鸡咳嗽、打喷嚏和气管发出啰音,雏鸡还可出现流鼻涕,产蛋鸡产蛋减少和质量变劣。肾型传染性支气管炎肾肿大,有尿酸盐沉积。

【病原】

鸡传染性支气管炎病毒属于冠状病毒科冠状病毒属的代表种,有30种以上的血清型,新的血清型仍在不断出现。多数病毒株在56℃时15分钟,45℃时90分钟灭活。病毒对一般消毒剂敏感,0.01%高锰酸钾、1%的来苏儿、1%的石炭酸、1%的福尔马林和75%的酒精,可在短时间内杀灭病毒。

【流行病学】

本病仅发生于鸡,各种年龄的鸡都可发病,但雏鸡最为严重。可经呼吸道和消化道传播。本病无季节性,传染迅速,几乎在同一时间内有接触史的易感鸡都发病。

【临床症状】

潜伏期为1~7天,平均为3天。病鸡常无前期症状,突然出现呼吸困难,并迅速波及全群为本病特征。常表现伸颈,张口呼吸,喷嚏,咳嗽,啰音。病鸡全身衰弱,精神不振,食欲减少,羽毛松乱,昏睡,翅下垂,常挤在一起。个别鸡鼻窦肿胀,流黏性鼻汁,眼泪多。成年鸡出现轻微的呼吸道症状,产蛋鸡产蛋下降,并产软壳蛋、畸形蛋。蛋的质量变差,如蛋白稀薄呈水样,蛋黄和蛋白分离。

肾型传染性支气管炎呼吸道症状轻微或不出现，病鸡沉郁，持续排白色或水样稀粪，饮水量增加。病程比一般呼吸型传染性支气管炎稍长，死亡率也较高。

【病理变化】

主要病变是气管和支气管炎。鼻腔、窦内、气管下部和支气管中有干酪样渗出物。气囊混浊，含有黄色干酪样渗出物。产蛋母鸡的腹腔内可以发现有液状的卵黄物质，卵泡充血、出血、变形。

肾型传染性支气管炎除呼吸器官病变外，肾肿大、苍白，肾小管和输尿管因尿酸及尿酸盐沉积而扩张。严重病例，白色尿酸盐沉积可见于其他组织器官表面。

【诊断】

根据流行病学、临床症状及剖检变化可做出初步诊断，但确诊还需要进行病毒的分离和鉴定、血清学诊断。注意其他疾病与该病的区别，如鸡新城疫、传染性鼻炎、传染性喉气管炎、鸡慢性呼吸道病和禽曲霉菌病。

【预防】

首先要防止感染鸡进入鸡群，加强鸡场的消毒，鸡舍要注意通风换气，防止过挤，注意保温，加强饲养管理，补充维生素和矿物质饲料，增强鸡体抗病力。同时配合疫苗免疫，常用弱毒苗如$H_{120}$、$H_{52}$及灭活油剂苗。$H_{120}$疫苗毒力较弱，对雏鸡安全；$H_{52}$疫苗毒力较强，适用于20日龄以上鸡；油苗各种日龄鸡均可使用。一般免疫程序为5~7日龄首免，用$H_{120}$疫苗；25~30日龄二免，用$H_{52}$疫苗；种鸡于120~140日龄用油苗做三免。

【治疗】

本病尚无特效疗法，有继发感染可使用抗生素，对发病鸡群进行对症治疗，以缓解发病症状。

(六)鸡传染性喉气管炎

鸡传染性喉气管炎是由病毒引起的一种急性、接触性上部呼吸道传染病。其特征为呼吸困难,咳嗽,咳出含有血液的渗出物,喉部和气管黏膜肿胀出血并形成糜烂。本病传播快,死亡率较高,严重危害养鸡业的发展。

【病原】

鸡传染性喉气管炎病毒大量存在于病鸡的气管组织及其渗出物中,肝、脾及血液中较少见。

本病毒对乙醚、氯仿等脂溶剂均敏感。对外界环境的抵抗力很弱,55℃只能存活10~15分钟,37℃存活22~24小时。对一般消毒药都敏感,3%来苏儿或1%苛性钠溶液1分钟即可将其杀死。

【流行病学】

在自然条件下,本病主要侵害鸡,不同年龄及品种的鸡均易感,但以成年鸡的症状最为明显。野鸡、孔雀、幼火鸡也可感染,而其他禽类和实验动物有抵抗力。

病鸡、康复后的带毒鸡和无症状的带毒鸡是主要的传染源。带毒鸡咳出的血液和黏液经上呼吸道、眼内和消化道传播,污染的垫料、饲料和饮水可成为传播媒介。人及野生动物的活动也可机械地传播。种蛋蛋内及蛋壳上的病毒不能传播。

本病一年四季均可发生,秋冬寒冷季节多发。本病在易感鸡群内传播很快,感染率可达90%~100%,病死率为10%~20%或更高。

【临床症状】

自然感染的潜伏期为6~12天,人工气管内接种为2~4天。急性型的表现为发病迅速,明显呼吸困难。患鸡初期鼻孔有分泌物,其后表现为特征性的呼吸道症状,呼吸时发出湿性啰音,继而咳嗽和喘气。严重病例呈现高度的呼吸困难，咳出带血的黏液。检查口腔时，可见喉部黏膜上有淡黄色或带血浓稠黏液或血凝块。最后病鸡迅速消瘦，鸡冠发紫，有时排绿色稀粪，衰弱死亡。

有些比较缓和的呈地方流行性，发病率低，仅为2%~5%。症状轻，表现为生长迟缓，产蛋减少，流泪，结膜炎。病程长，长的可达1个月。死亡率较低，为2%左右，大部分病鸡可以耐过。

【病理变化】

典型的病变为喉部和气管组织充血和出血，喉部黏膜肿胀，有出血斑，并覆盖含黏液性分泌物或黄白色纤维性干酪样假膜，可能会将气管完全堵塞。炎症也可波及支气管、肺和气囊等部位，上行至鼻腔和眶下窦。

【诊断】

根据流行病学、特征性症状和典型的病变，即可做出诊断。本病应与传染性支气管炎、支原体病和传染性鼻炎等进行鉴别诊断。传染性支气管炎多发生于幼龄鸡，病变局限于中下呼吸道。支原体引起的是慢性呼吸道病，病程缓和而长。传染性鼻炎发病急，常见结膜炎、鼻面部肿胀、流泪等症状，但呼吸困难不明显。

【预防】

加强饲养管理，改善鸡舍的通风，定期对环境彻底消毒和严格执行兽医卫生措施是防治本病流行的有效方法。

目前主要使用的疫苗是弱毒疫苗，可采用点眼和滴鼻的方法接种。本病流行的地区，可考虑接种鸡传染性喉气管炎弱毒疫苗，滴鼻、点眼或饮水免疫。接种后可引起轻重不同的反应，重者可引起死亡。

饲养管理用具及鸡舍进行消毒。新引进的鸡要隔离观察，可放数只易感鸡与其同养，观察2周，不发病证明不带毒，这时方可混群饲养。病愈鸡不可和易感鸡混群饲养，康复鸡在一定时间内带毒、排毒，所以要严格控制易感鸡与康复鸡接触，最好将病愈鸡淘汰。

【治疗】

目前尚无有效的治疗药物。发病时，对病鸡采取对症治疗，可使呼吸困难的症状缓解，并投服抗菌药物，以防止继发感染。

（七）禽痘

禽痘是由禽痘病毒引起的禽类的一种接触性传染病，通常分为皮肤型和黏膜型。前者多为皮肤（尤其头部皮肤）的痘疹，继而结痂、脱落；后者可引起口腔和咽喉黏膜的纤维素性坏死性炎症，常形成假膜，故又名禽白喉。有的病禽两者可同时发生。

【病原】

病原是痘病毒。在所有的病毒中，痘病毒体积最大。不同种之间在抗原性上极相似，因此相互之间有一定的交叉保护。

痘病毒存在于皮肤和黏膜的病灶，也随病禽的唾液、鼻液、眼泪、粪便和飞沫排出，对外界自然因素抵抗力相当强。上皮细胞屑片和痘结节中的病毒可抗干燥数月，阳光照射数周仍可保持活力。对碱和大多数常用消毒药较敏感，1%火碱、1%醋酸可于5~10分钟内杀死病毒。禽痘病毒不感染人和其他哺乳动物。

【流行病学】

本病广泛分布于世界各国，特别是大型鸡场中，更易流行。可使病鸡生长迟缓，产蛋鸡产蛋率降低。若并发其他传染病、寄生虫病，卫生条件差，营养不良时，也可引起大批死亡，尤其是对雏鸡造成更严重的损失。

在家禽中，鸡和火鸡最易感。鸡以雏鸡和中鸡最常发病，可引起雏鸡大批死亡。本病一年四季均可发生，秋、冬两季最易流行。肉用仔鸡群在夏季也常流行鸡痘。饲养管理不善或饲养配比不当可促使本病发生。常并发或继发传染性鼻炎、新城疫、慢性呼吸道病等，加剧病情，死亡增多。

病禽脱落和散碎的痘痂是病毒散布的主要形式。一般须经有损伤的皮肤和黏膜而感染。蚊子及体表寄生虫可传播本病。

【临床症状】

鸡和火鸡痘的潜伏期为4~10天。根据病禽的症状和病变，分为皮肤型、黏膜型、眼鼻型和混合型几种病型。

皮肤型：主要发生在鸡体的无毛或毛稀少部分，常见于鸡冠、肉髯、眼睑和喙角，有时见于腹部、腿、泄殖腔和翅内侧，以形成一种特殊的痘疹为特征。起初出现灰白色的小结节，后逐渐增大如绿豆大小，呈灰黄色，表面凹凸不平，呈干而硬的结节。有时结节数目很多，互相连接融合，产生大块的厚痂，3~4周后逐渐脱落。一般无明显的全身症状，但病重的小鸡则有精神萎靡，食欲消失，体重减轻等症状，产蛋鸡产蛋减少或停止。

黏膜型：多发于小鸡和中鸡，病死率较高，严重时可达50%。病变主要在口腔、咽喉和气管等黏膜表面。病初呈鼻炎症状，2~3天后，口腔、咽喉等处黏膜发生痘疹，呈黄白色，逐渐增大并相互融合在一起，形成一层黄白色干酪样假膜。假膜不易剥落，强行撕脱，露出红色的溃烂面。假膜逐渐扩大和增厚，阻塞口腔和咽喉部，引起呼吸和吞咽困难，甚至窒息而死。

眼鼻型：眼结膜发炎，眼和鼻孔中流出水样液体，后变成淡黄色浓稠的脓液。眶下窦有炎性渗出物蓄积，眼部肿胀，可挤出干酪样凝固物，引发角膜炎导致失明。常伴黏膜型发生。

混合型：即皮肤型和黏膜型同时发生，病情严重，死亡率高。

【病理变化】

皮肤型：在病禽皮肤上可见白色小病灶、痘疹、痘痂及痂皮脱落的瘢痕等不同阶段的变化。

黏膜型：在病禽的口腔、咽喉部和气管黏膜上出现溃疡，表面覆有纤维素性坏死性假膜。

【诊断】

禽痘的临诊表现很典型，根据临床症状及剖检变化，常可做出诊断。确诊还需进行病毒的分离和血清学试验等。

【预防】

加强饲养管理，定期对环境彻底消毒和消灭吸血昆虫对预防本病有重要作用。

人工接种疫苗是预防本病的可靠方法。目前使用最广泛的是鸡痘鹌鹑化弱毒疫苗，在鸡翅内侧无血管处皮下刺种。

【治疗】

目前尚无特效治疗药物，主要采用对症疗法，以减轻病鸡的症状和防止并发症。另外，补充维生素A、鱼肝油等，有利于组织和黏膜新生，促进食欲，提高禽体对病毒的抵抗力。

（八）产蛋下降综合征

产蛋下降综合征是一种由禽腺病毒引起的鸡以产蛋下降为特征的传染病，其主要表现为鸡群产蛋突然下降，软壳蛋、畸形蛋增加，蛋质低劣。我国在1991年分离到病毒，证实有本病存在。此病可对养禽业造成巨大损失，要予以高度关注。

【病原】

产蛋下降综合征病毒属于禽腺病毒。病毒对乙醚、氯仿不敏感，70℃时20分钟可灭活，0.3％福尔马林24小时可使病毒完全灭活。

【流行病学】

本病除鸡易感外，自然宿主为鸭和鹅，但鸭和鹅均不表现临床症状。各种品系的鸡均对本病易感,鸡的品种不同对本病病毒易感性有差异,产褐色蛋母鸡最易感。不同年龄的鸡都可感染本病,母鸡只有在产蛋高峰期表现明显。

本病传播方式主要是经受精卵垂直传播。水平传播也是很重要的方式,病鸡的输卵管、泄殖腔、粪便、肠内容物都可向外排毒,传播给易感鸡。

当产蛋下降综合征病毒侵入鸡体后,在性成熟前对鸡不表现致病性,在产蛋初期由于应激反应,致使病毒活化而使产蛋鸡发病。

【临床症状】

感染鸡主要表现为突然性群体产蛋下降,比正常水平下降20%~38%,甚至达50%。软壳蛋、畸形蛋增加,蛋质低劣,占15%以上。对受精率和孵化率没有影响,病程一般可持续4~10周。

【病理变化】

本病无明显病变,仅表现为卵巢变小、萎缩,子宫和输卵管黏膜出血和卡他性炎症。

【诊断】

若鸡群在临诊上无特异表现,突然产蛋量下降,软壳蛋、畸形蛋增加,蛋质低劣,应考虑存在产蛋下降综合征病毒感染。根据流行病学特征和症状可做出初步诊断,进一步确诊还需进行病原分离和血清学试验。

【预防】

杜绝产蛋下降综合征病毒传入,应从非疫区鸡群中引种。引进种鸡应严格隔离饲养,产蛋后经血清学检测,确认抗体阴性者,才能留作种鸡。要严格执行兽医卫生措施,加强鸡场和孵化室消毒工作。

免疫接种是防治本病的主要措施。油佐剂灭活苗对鸡免疫接种起到较好的效果。

【治疗】

对本病尚无有效的治疗方法。发病时,应加强饲养管理,同时服用抗菌药物,防止继发感染。

(九)鸡传染性贫血

鸡传染性贫血是由鸡传染性贫血病毒引起的雏鸡以再生障碍性贫血和全身淋巴组织萎缩为特征的传染病。该病是一种免疫抑制病,经常加重和导致其他疾病发生。

【病原】

鸡传染性贫血病毒属不同毒株的抗原性一致,但致病力存在差异。

病毒对乙醚和氯仿有抵抗力,在60℃时1小时以上,100℃时15分钟可使病毒灭活;对酸稳定,在酸碱度3时3小时仍稳定;5%酚中作用5分钟,5%次氯酸37℃作用2小时失去感染力。福尔马林和含氯制剂可用于消毒。

【流行病学】

鸡是本病毒的唯一宿主,所有年龄和品种的鸡都可感染,自然感染常见于2~4周龄的雏鸡,随日龄增长对本病毒的易感性急剧下降。垂直传播是本病主要的传播方式,也可通过消化道及呼吸道水平传播引起感染。

本病毒诱导雏鸡免疫抑制,不仅增加继发感染的易感性,而且降低疫苗的免疫力,对马立克病疫苗尤为明显。

【临床症状】

潜伏期为4~12天。特征性症状是贫血。病鸡表现精神沉郁,发育受阻,喙、肉髯、面部皮肤和可视黏膜苍白。有的皮下出血,可能继发坏疽性皮炎。血液学检查,红细胞明显降低,红细胞压积降至

20%以下,白细胞和血小板减少。本病的发病率不一致,若有继发感染,可加剧病鸡死亡。

【病理变化】

病鸡贫血,肌肉和内脏器官苍白;肝脏和肾脏肿大,退色;血液稀薄;胸腺萎缩,可能完全退化;骨髓萎缩是最有特征性的变化,表现股骨骨髓脂肪化,呈淡黄色。部分病例出现法氏囊萎缩,腺胃黏膜出血,肌肉和皮下出血。

【诊断】

根据流行病学、临诊症状和病理变化,一般可做出初步诊断。确诊还需进行病毒分离或血清学检查。

感染鸡的所有组织和粪便中均含有病毒,常用肝脏悬液加等量氯仿处理后接种1日龄雏鸡(无特定病原鸡),接种雏鸡经14~16天后进行检查,如发现雏鸡红细胞压积值下降,骨髓变黄白色及胸腺萎缩等典型病变,即可确诊。血清学试验可用中和试验、间接荧光抗体等方法。

【预防】

首先,要加强检疫,防止从外地引入带毒鸡,将本病传入健康鸡群。重视鸡群的日常饲养管理和兽医卫生措施,防止由环境因素及其他传染病导致的免疫抑制。另外,合理免疫接种。目前主要有两种商品活疫苗,一是由鸡胚生产的有毒力的鸡传染性贫血病毒活疫苗,可通过饮水途径免疫。对种鸡在13~15周龄进行免疫接种,可有效地防止子代发病。本疫苗不能在产蛋前3~4周免疫接种,以防止通过种蛋传播病毒。二是减毒的传染性贫血病毒活疫苗,可通过肌肉、皮下或翅膀对种鸡进行接种,十分有效。

【治疗】

本病尚无有效的治疗方法,通常使用抗生素防止继发感染。

## （十）病毒性关节炎

病毒性关节炎是由呼肠孤病毒引起的鸡的一种传染病，又称病毒性腱鞘炎。病毒主要侵害关节滑膜、腱鞘和心肌，引起足部关节肿胀，腱鞘发炎，继而使腓肠腱断裂。病鸡关节肿胀，行动不便，跛行或不愿走动，采食困难，生长停滞。鸡群的饲料利用率下降，淘汰率增高，在经济上造成一定的损失。呼肠孤病毒感染在世界各地均有发生，病毒性关节炎主要见于肉鸡，但蛋鸡和火鸡也可见到。

【病原】

呼肠孤病毒对外界环境的抵抗力强，耐热，对酸碱度3及过氧化氢、2%来苏儿、3%福尔马林均有耐受性。病毒对2%~3%的氢氧化钠和氢氧化钾，70%乙醇较为敏感。

【流行病学】

鸡和火鸡是呼肠孤病毒的自然宿主。疾病的发病率和死亡率因鸡的年龄不同而有差异，鸡年龄越大，敏感性越低。自然感染发病多见于4~7周龄鸡，10周龄之后发病率明显降低。

粪便污染是接触感染的主要来源。幼龄时感染，病毒在盲肠扁桃体和跗关节可持续很长时间，意味着带毒鸡是同栏感染的可能来源。禽呼肠孤病毒可以垂直传播。

【临床症状】

本病大多呈隐性感染和慢性感染。急性感染时，可见跛行，有些鸡发育不良。慢性感染跛行更显著，有一小部分病鸡的踝关节不能活动。有时可能看不到关节炎症状，但在屠宰时可见趾屈肌腱区域肿大。这样的鸡群增重慢，饲料转换率低，总死亡率高，屠宰废弃率高。

种鸡群或蛋鸡群受感染后，产蛋量可下降10%~15%。

【病理变化】

病毒性关节炎的自然感染鸡可见到趾屈肌和跖伸肌肿胀。跖伸肌病变明显，紧靠跗关节上方，去羽毛后很容易看到。爪垫和关节的肿胀不常见。关节常含有带血色的渗出液，有些病例有多量脓性渗出物。感染早期，跗侧和趾侧腱鞘水肿，跗上滑膜常有出血点。腱区炎症发展为慢性时，腱鞘硬化并融合在一起，胫跗远端的关节软骨出现小的凹陷溃疡，溃疡增大后融合在一起并侵害到下面的骨组织。

【诊断】

根据症状和病变可做出病毒性关节炎的初步诊断。病鸡表现为跛行，跗关节肿胀。确诊还需进行病原学和血清学检查。

【预防】

加强卫生管理及鸡舍的定期消毒，采用全进全出的饲养方式，对鸡舍彻底清洗和用3%氢氧化钠溶液对鸡舍消毒，对患病鸡要坚决淘汰。

预防接种是目前防控鸡病毒性关节炎的最有效方法。因为1日龄雏鸡对呼肠孤病毒最易感，而至2周龄时已开始建立与年龄相关的抵抗力，所以疫苗接种的目标是提供早期保护。用活疫苗或死疫苗免疫种鸡是防治本病的有效方法。1日龄雏鸡接种疫苗，应注意S1133弱毒苗对同时接种的马立克病疫苗有干扰作用，故两种疫苗接种时间应相隔5天以上。无母源抗体的雏鸡，可在6～8日龄用活苗首免，8周龄时再用活苗加强免疫，在开产前2～3周注射灭活苗，被证明是一种有效的控制鸡病毒性关节炎的方法。

【治疗】

目前本病尚无有效的治疗方法。

### (十一) 禽脑脊髓炎

禽脑脊髓炎，又称流行性震颤，是一种主要侵害幼龄鸡中枢神经系统的病毒性传染病，以共济失调、瘫痪和头颈部震颤为特征。

【病原】

禽脑脊髓炎病毒属只有一个血清型。野毒株和鸡胚适应毒株的致病性有明显的不同，野毒株一般为嗜肠性，易经口感染雏鸡，从粪中排毒；鸡胚适应毒株是高度嗜神经性，使幼雏产生严重的中枢神经症状和损害，不能经口感染，这种毒株一般不能水平传播。

本病毒对氯仿、酸、胰酶、胃蛋白酶等有抵抗力。

【流行病学】

除鸡外，野鸡、火鸡等也能自然感染。鸡对本病最易感，但雏禽才有明显的临床症状。病毒在感染鸡的肠道内增殖，随粪便排出体外，污染外界环境。因病毒对环境的抵抗力很强，传染性可保持很长时间。病毒通过污染的饲料、饮水、用具和人员等水平传播。

垂直传播在病毒的散布中起很重要的作用。易感鸡群在性成熟后被感染，母鸡传染给不同比例的种蛋，病毒还可在孵化器内进一步传播，使后代发生本病。

本病一年四季均可发生，发病率和死亡率随病毒的毒力、发病的日龄大小不同而有所不同。

【临床症状】

经胚胎感染的雏鸡潜伏期为1~7天，而通过接触传播或经口接种时至少11天。自然发病通常在1~2周龄，但出雏时即发病者也能见到。病鸡的最早症状是目光呆滞，随后发生进行性共济失调，驱赶时很易发现。共济失调加重时，常坐于脚踝，被驱赶而走动则显得不能控制速度和步态，最终倒卧一侧。呆滞显著时可伴有衰弱的呻吟，这时头颈的颤抖变得明显，其频率和幅度可不同。刺激或骚扰可诱发病雏的颤抖,持续时间长短不一,并经不规则的间歇后再发。共济失调通常在颤抖之前出现,但有些病例仅有颤抖而无共济失调。共济失调通常发展到不能行走,紧接这一阶段的是疲乏、虚脱和最终死亡。少数出现症状的鸡可存活,但其中部分发生失明。

本病有明显的年龄抵抗力,2~3周龄后感染很少出现临床症状。成年鸡感染可发生暂时性产蛋下降(5%~10%),但不出现神经症状。

【病理变化】

一般内脏器官无特征性的肉眼病变,个别病例能见到脑膜血管充血、出血,偶见病雏肌胃的肌层有散在的灰白区。成年鸡发病无上述病变。

【诊断】

自发性病例通过了解鸡群发病史和做组织学检查常可确诊。在鉴别诊断时需与新城疫、维生素缺乏症和马立克病相区别。

【预防】

种鸡群在生长期接种疫苗,保证其在性成熟后不被感染,以防止病毒通过蛋源传播,是防治本病的有效措施。弱毒疫苗对雏鸡有一定的毒力,所以小于8周龄的鸡只不可使用疫苗,以免发生此病。合理的免疫程序是给10~12周龄的种鸡饮水或点眼接种弱毒疫苗,在开产前1个月再肌肉注射油乳剂灭活苗。

【治疗】

目前本病尚无有效的治疗方法。

## 二、肉鸡细菌性传染病的防控

### (一)大肠杆菌病

鸡大肠杆菌病是由大肠埃希菌的某些致病性血清型菌株引起

的局部或全身性感染的总称。其临床表现呈多样性，以大肠杆菌性败血症、卵黄性腹膜炎、气囊病、肿头综合征、输卵管炎、滑膜炎、全眼球炎或肉芽肿等为特征。

【病原】

大肠杆菌是革兰阴性短杆菌，在麦康凯培养基上呈圆形、隆起的红色菌落，而在伊红美蓝琼脂培养基上多数菌落呈黑色并有金属光泽。大肠杆菌的抗原根据结构可分为菌体抗原（O抗原，173种）、荚膜抗原（K抗原，103种）、鞭毛抗原（H抗原，60种）和菌毛抗原（F抗原，17种）等，其中流行最多的是$O_1$、$O_2$、$O_{78}$、$O_{35}$等4个血清型。大肠杆菌对干燥的抵抗力很强，在鸡舍、粪、尘埃、垫料及孵化器内的绒毛等环境中可存活数月之久，但一般的消毒药即可杀死大肠杆菌。

【流行特点】

大肠杆菌在自然界普遍存在，特别是卫生条件及饲养管理不当的养鸡场，污染更为严重。但从不同地区鸡场分离的大肠杆菌血清型不完全相同，同一地区不同鸡场有不同血清型，甚至在同一鸡场也可存有多个血清型。大肠杆菌可通过消化道和呼吸道发生水平传播，也可通过污染的种蛋垂直传播。另外，球虫病在本病的发生上具有重要意义，因为球虫破坏肠黏膜的上皮细胞，使肠黏膜的完整性受到破坏，大肠杆菌易通过受损的肠黏膜侵入毛细血管，进入血液循环分布到全身，从而引起大肠杆菌病。滴鼻、点眼免疫时常诱发大肠杆菌眼炎。

各种品系、类型和日龄的鸡均可发生大肠杆菌病，其中肉鸡多发生于4~8周龄。虽然本病一年四季均可发生，但冬春寒冷和气温多变季节更容易发生。饲养密度大、鸡舍通风不良、卫生差、饲养质量不佳及发生烈性传染病等都可诱发本病。该病发病率、死亡率与菌株毒力,是否并发、继发感染,饲养管理好坏以及采取措施是否及时有效有很大关系,发病率可达50%,死亡率可达40%。

【临床症状】

病鸡精神不振,不喜活动,常呆立于鸡舍一隅,羽毛松乱,两翅下垂,食欲减少等是大肠杆菌病的一般症状。由于大肠杆菌病的病型呈多样化,在临床上也表现相应不同的症状。如果蛋壳被大肠杆菌严重污染,常导致孵化后期胚胎死亡和孵化率下降,孵出的雏鸡也比较弱,在一周内可因脐带炎等死亡,死亡可持续2~3周。病雏精神不振,羽毛松乱,两翅下垂,闭目呆立,呈昏睡状;或尖叫不安,脐带发炎,腹部胀满或见拉稀,排出稀便或水泻,粪灰白、黄白或黄绿色。有个别的病雏还见神经症状,头向后仰等。较大鸡发生气囊炎时,则表现呼吸困难,咳嗽有啰音,羽毛松乱,精神差,食欲减少且增重缓慢。肠炎型除一般症状外主要表现是拉稀、消瘦,甚至衰竭死亡。关节炎时则见关节肿大,跛行。眼炎是败血性大肠杆菌病的一种不常见表现形式,多为一侧性,少数为双侧性。病初羞明、流泪、红眼,随后眼睑肿胀突起,角膜混浊有脓性分泌物,瞳孔缩小,重者眼前房破溃、失明。神经型的主要表现是昏睡及神经紊乱,歪头、斜颈,转圈,共济失调,抽搐等,有时也可见下痢。输卵管炎常呈慢性经过,病鸡减产或停产,呈直立企鹅姿势,腹下垂、恋巢、消瘦死亡。肿头综合征表现眼周围、头部、颌下、肉垂及颈部上2/3水肿,病鸡喷嚏,并发出"咯咯"声。

【病理变化】

1. 鸡胚和雏鸡早期死亡

鸡胚卵黄囊是主要感染灶,可见卵黄囊变大,吸收不好,卵黄膜变薄,卵黄内容物黏稠,黄绿色或干酪样,有时呈黄棕色水样物质。病雏除有卵黄囊病变外,有时发生脐炎,脐部肿大,闭合不全,质硬,黄红色或见脓性分泌物。病程稍长的死雏还可见心包炎及肠炎。

2. 急性败血症

特征性病变是肝脏呈绿色,脾脏明显肿大和胸肌充血。有些病例中,肝脏内有许多小的白色病灶。存活鸡的显微病变最初可见急性坏死区,随后出现肉芽肿性肝炎,同时可见心包炎、腹膜炎、肠卡他性炎等病变。

3. 气囊病

气囊病主要发生于3~12周龄幼雏,特别3~8周龄肉仔鸡最为多见。气囊病也经常伴有心包炎、肝周炎,偶尔可见败血症、眼球炎和滑膜炎等。病鸡气囊壁增厚、混浊,有的有纤维样渗出物,并伴有纤维素性心包炎和腹膜炎等。

4. 大肠杆菌性肉芽肿

病鸡肝、肠(十二指肠及盲肠)、肠系膜或心脏上有针头大至核桃大不等的菜花状增生物,很易与禽结核或肿瘤混淆,但脾脏无此病变。

5. 心包炎

心外膜水肿,心包囊混浊,囊内充满淡黄色纤维素性渗出物,心包粘连。存活鸡因为处于慢性被动充血、淤血而导致发生狭窄性心包炎和肝组织纤维化。

6. 腹膜炎

腹腔感染主要发生在产蛋鸡,其特征是急性死亡,有纤维素性渗出物和大量卵黄。大肠杆菌经输卵管上行至卵黄内,并迅速生长,卵黄落入腹腔内时,造成腹膜炎。

7. 输卵管炎

常呈慢性经过,伴发卵巢炎和子宫炎,其特征是在扩张的薄壁输卵管内出现干酪样团块,内含许多坏死的异嗜细胞和细菌,可持续数月,并随时间的延长而增大。

8. 关节炎及滑膜炎

表现为关节内含有纤维素或混浊的关节液。

9. 眼球炎

可见眼前房有黏液性脓性或干酪样分泌物。

10. 脑炎

主要病变为脑膜充血、出血,脑脊髓液增加。

11. 肿头综合征

病鸡头部肿大,头部皮下组织胶样浸润、出血,组织疏松。肿头消失后头部皮下的渗出物逐渐干酪化。

据临床资料统计,心包炎、肝周炎及腹膜炎等变化为大肠杆菌最为常见的临床表现,具有诊断意义。主要表现为心包积液淡黄色,内混纤维素,心包膜变厚,色灰白呈云雾状,表面覆有纤维素膜。肝脏肿大,表面覆有多少不等的灰黄色纤维素薄膜,肝内可能有坏死点。腹腔内积有淡黄色渗出物或干酪样物,肠壁粘连,卵巢与输卵管发炎及有渗出物。

【诊断】

由于大肠杆菌在临床上的表现呈多样性,大多数病例仅靠临床症状和病变很难确诊。确诊应结合病原的分离和鉴定,排除其他病原感染(病毒、细菌、支原体等),经鉴定为致病性大肠杆菌,方可认为是原发性大肠杆菌病;在其他原发性疾病中分离出大肠杆菌时,应视为继发性大肠杆菌病。实验室常用的诊断方法是取病死鸡的心脏、脾或肝进行涂片,用瑞氏染色,在显微镜下观察,两极着色的球杆菌为巴氏杆菌。但在慢性病例或腐败病料不易发现典型菌,需进行分离培养,最好用血液琼脂和麦康凯琼脂同时进行分离培养。此菌在麦康凯琼脂生长良好，培养24小时后可长成淡灰白色、圆形、湿润、露珠样小菌落，菌落周围不溶血。钩取典型菌落制成涂片，进行染色检查，应为革兰阴性球杆菌。同时需做生化反应实验。

【预防】

**1. 药物预防**

应用敏感药物，在发病前1~2天进行预防性投药可有效控制鸡大肠杆菌病。如安普霉素，以250~500毫克/升（25万~50万效价单位）饮水，连用5天，上市前停药7天；或肉鸡混饲5克/吨，0~6周龄全期使用。

**2. 免疫预防**

目前用的鸡大肠杆菌疫苗主要有大肠杆菌甲醛灭活苗、大肠杆菌油乳剂苗以及禽霍乱大肠杆菌多价二联蜂胶疫苗等，但由于鸡大肠杆菌的血清型众多，且各血清型之间的交叉保护效果也不理想，给免疫预防带来一定的难度。

**3. 综合措施**

（1）科学饲养管理。大肠杆菌是鸡肠道内的常在菌，在自然界中分布很广。饲养管理条件不良或在各种应激因素影响下，机体抵抗力降低时易发本病。科学饲养管理，保证鸡只健康是杜绝感染的首要条件。

（2）优化环境，选好场址和隔离饲养。场址应选在地势高燥、水源充足、水质良好、排水方便、远离居民区，特别要远离其他养殖场、屠宰或畜产品加工厂。生活区与生产区及经营管理区分开，饲料加工，种鸡、育雏、育成鸡场及孵化室分开。要有严格、科学的饲养管理方式，禽舍温度、湿度、密度、光照及饲料和管理均应按规定要求进行。搞好禽舍空气净化，减少鸡舍内氨气等有害气体的产生和积聚是养鸡场必须采取的一项非常重要的措施。

（3）加强消毒工作。种蛋、孵化室及禽舍内外环境要搞好清洁卫生，并按消毒程序进行消毒，以减少种蛋、孵化室和雏鸡感染大肠杆菌。防止水源和饲料污染，可使用颗粒饲料，饮水中加酸化剂或消毒剂，如含氯或含碘消毒剂等；采用乳头饮水器饮水，水槽和料槽每天应清洗消毒。灭鼠、驱虫。鸡舍带鸡消毒，有降尘、杀菌、降温及中和有害气体作用。

（4）加强种鸡管理，及时淘汰处理病鸡。进行定期预防性投药和做好病毒病、细菌病免疫；采精、输精严格消毒，每只鸡使用一个消毒的输精管。

【治疗】

对大肠杆菌病有效的药物主要有以下几类，投药前最好进行药敏试验选择敏感药物。常用药物如下：

氨苄西林，内服，每次每千克体重10~25毫克或肌注10毫克，连用2~3次；阿莫西林，内服，每次每千克体重10~15毫克，每天2次；头孢噻呋，肌注，每千克体重2.2毫克，连用3~5天；硫酸丁胺卡拉霉素，肌注，每千克体重5.0~7.5毫克，连用3~5天；硫酸安普霉素，混饮，每升水250~500毫克，连用5天；硫酸新霉素，混饮，每升水35~70毫克，连用3~5天；诺氟沙星，混饮，每升水100毫克；环丙沙星，混饮，每升水50毫克，或肌注，每次每千克体重5毫克，每天2次；恩诺沙星，混饮，每升水50~75毫克；麻保沙星，肌注，每千克体重2~4毫克，每天2次，连用3~5天。

（二）鸡白痢

鸡白痢是由鸡白痢沙门菌引起的鸡的一种急性、败血性传染病。其特征为雏鸡感染后常呈急性败血症，发病率和死亡率都高，成年鸡感染后，多呈慢性或隐性带菌，可随粪便排出，因卵巢带菌，严重影响孵化率和雏鸡成活率。

【病原】

鸡白痢沙门菌为革兰阴性小杆菌，在普通琼脂、麦康凯培养基上形成圆形、光滑、无色呈半透明、露珠样的小菌落。该菌对热和直射阳光敏感，在60℃时数分钟即死亡。但在干燥的排泄物中可存活4年，在土壤中可存活4个月以上，粪中存活3个月以上，水中活200天，尸体中活3个月以上。附着在孵化器中小鸡绒毛上的病菌在室温条件下可存活1年，在-10℃时可存活4个月。常用的消毒药均可迅速杀死该菌。

【流行特点】

不同品种的鸡对本病均易感，但以2~3周龄以内的雏鸡发病率和病死率最高。随日龄增加，鸡的抵抗力也增强。成年鸡感染常呈慢性或隐性经过。一向存在本病的鸡场，雏鸡的发病率为20%~40%；新传入发病的鸡场，其发病率显著增高，有时甚至高达100%，病死率也高。

病鸡和带菌鸡是该病的主要传染源。传播方式较多，病鸡排出的粪便中含有大量病菌，污染饲料、饮水和饲养管理用具后，通过消化道而使健康鸡感染，呼吸道、眼结膜、交配等也可感染。

经蛋垂直传播是该病另一更为重要的传播方式。耐过本病的种鸡长期带菌，因此一个种鸡场一旦传入本病后，将会绵延不断地在鸡群中长期蔓延，难以根除。

鸡的饲养管理条件对鸡白痢的发生和流行有重要影响。如鸡群过大而拥挤、潮湿、太脏，育雏室的温度过高或过低、通风不良、运输及缺乏适宜的营养等，都可诱发鸡白痢。

【临床症状】

鸡白痢在临床上的表现，随传染方式、细菌的毒力、感染日龄、鸡的易感性及饲养管理条件等不同而有显著的差异。

雏鸡：潜伏期4~5天，故出壳后感染的雏鸡多在孵出后几天才出现明显症状，7~10天后雏鸡群内病雏逐渐增多，在第2~3周达高峰。发病雏鸡呈最急性者，无症状迅速死亡；稍缓者表现精神委顿，绒毛松乱，两翼下垂，缩头颈，闭眼昏睡，不愿走动，拥挤在一起。病初食欲减少，而后停食，多数出现软嗉症状。同时腹泻，排稀薄如糨糊状粪便，肛门周围绒毛被粪便污染，有的因粪便干结封住肛门周围，影响排便。由于肛门周围炎症引起疼痛，常发出尖锐的叫声，最后因呼吸困难及心力衰竭而死。有的病雏出现眼盲或跛行。病程短的1天，一般为4~7天，20天以上的雏鸡病程较长。3周龄以上发病的极少死亡。耐过鸡生长发育不良，成为慢性患者或带菌者。

育成鸡：该病多发生于40~80天的鸡，地面平养的鸡群比网上和育雏笼养的鸡群发病多。从品种上看，褐羽产褐壳蛋鸡发病率高。另外，育成鸡发病多有应激因素的影响，如鸡群密度过大，环境卫生条件恶劣，饲养管理粗放，气候突变，饲料突然改变或品质低下等。本病发生突然，全群鸡只食欲、精神尚可，总见鸡群中不断出现精神、食欲差和下痢的鸡只，常突然死亡。死亡不见高峰，而是每天都有鸡只死亡，数量不一。该病病程较长，可拖延20~30天，死亡率可达20%。

成年鸡：鸡白痢多呈慢性经过或隐性感染。一般不见明显的临床症状，当鸡群感染较严重时，可明显影响产蛋量，产蛋高峰不高且维持时间较短，死淘率增高。有的鸡表现鸡冠萎缩，有的鸡开产时鸡冠发育尚好，以后则表现出鸡冠逐渐变小，发绀。病鸡有时下痢。仔细观察鸡群可发现有的鸡少产或根本不产蛋。

极少数病鸡表现精神委顿，头翅下垂，腹泻，排白色稀粪。有的感染鸡因卵黄囊炎引起腹膜炎，腹膜增生而呈"垂腹"现象。

## 【病理变化】

雏鸡：日龄小、发病后很快死亡的雏鸡，无明显病变，有时可见肝肿大、充血或有条纹状出血、胆囊充盈、肺充血或出血。病程稍长的病雏，卵黄吸收不良，其内容物色黄如油脂状或干酪样；心肌、肺、肝脏、盲肠、大肠及肌胃肌肉中有坏死灶或结节。有些病例有心外膜炎，肝有点状出血及坏死点，胆囊肿大，脾有时肿大，肾充血或贫血，输尿管充满尿酸盐而扩张，盲肠中有干酪样物堵塞肠腔，有时还混有血液，肠壁增厚，常有腹膜炎。在上述器官病变中，以肝的病变最为常见，其次为肺、心、肌胃及盲肠的病变。死于几日龄的病雏，见出血性肺炎；稍大的病雏，肺可见灰黄色结节和灰色肝变。

青年鸡：肝脏、脾脏、心脏、肺和肌胃等脏器上可见数量不等、大小不一的坏死结节。肝脏常发生破裂，腹腔内积有大量血水或血凝块，或在肝脏表面有较大血凝块，或在肝脏薄膜下形成凝血肿块。心包积液，心包膜增厚或有灰白色斑块，心肌上有坏死结节，心腔变小。

成年鸡：慢性带菌的母鸡最常见的病变为卵泡变形、变色、质地改变以及卵泡呈囊状，有腹膜炎，伴有急性或慢性心包炎。受害的卵泡常呈油脂样或干酪样，卵黄膜增厚，变性的卵子或仍附在卵巢上，常有长短粗细不一的卵蒂（柄状物）与卵巢相连，脱落的卵深藏在腹腔的脂肪性组织内。有些卵则自输卵管逆行而坠入腹腔，有些则阻塞在输卵管内，引起广泛的腹膜炎及腹腔脏器粘连。可以发现腹水，特别见于大鸡。心脏变化稍轻，但常有心包炎，其严重程度和病程长短有关。轻者只见心包膜透明度较差，含有微混浊的心包液。重者心包膜变厚而不透明，逐渐粘连，心包液显著增多，在腹腔脂肪中或肌胃及肠壁上有时发现琥珀色干酪样小囊包。成年公鸡的病变常局限于睾丸及输精管，睾丸极度萎缩，同时出现小的肿，输精管管腔增大,充满稠密的均质渗出物。

【诊断】

鸡白痢的初步诊断,主要依据本病在不同年龄鸡群中发生的特点以及病死鸡的主要剖检变化,但只有在鸡白痢沙门菌分离和鉴定之后,才能做出确切诊断。成年鸡鸡白痢的现场诊断常采用全血平板凝集反应,该方法简便、快速、准确,是种鸡场净化鸡白痢的主要手段。

【预防】

1. 药物预防

从雏鸡开食之日起在饲料或饮水中添加抗菌药物,可在一定程度上控制鸡白痢的发生。在饲料、饮水中添加药物的种类很多,如青霉素、链霉素、土霉素、庆大霉素、氟哌酸、强力霉素、磺胺类药物、新霉素及喹诺酮类药物等。用药前,最好进行药敏试验来选择有效的药物。用药物预防应防止长时间使用一种药物,更不要以一味加大药物剂量来达到防治目的。应该考虑有效药物在一定时间内交替、轮换使用,药物剂量要合理,防治要有一定的疗程。

2. 免疫预防

目前灭活苗和活菌苗的免疫效果均不理想。

3. 综合防治措施

防治本病发生的原则在于杜绝病原的传入,消除群内的带菌者;同时执行严格的卫生、消毒和隔离制度。从以下几方面综合入手可以有效控制鸡白痢的发生和流行。

(1)挑选健康种鸡和种蛋,建立健康鸡群,坚持自繁自养,从外地引进种蛋要慎重。在健康鸡群,每年春秋两季对种鸡定期用血清凝集试验全面检疫及不定期抽查检疫。对40~60天以上的中雏也可进行检疫,淘汰阳性鸡及疑似鸡。在有病鸡群,应每隔2~4周检疫一次，经3～4次后一般可把带菌鸡全部检出淘汰。

（2）孵化时，用季胺盐类等消毒剂喷雾消毒孵化前的种蛋，拭干后再入孵。不安全鸡群的种蛋，不得进入孵化室。每次孵化前孵化室及所有用具要用甲醛消毒。对引进的鸡要注意隔离及检疫。

（3）加强育雏饲养管理卫生，鸡舍及一切用具要注意经常清洁消毒。育雏室及运动场保持清洁干燥，饲料槽及饮水器每天清洗一次，并防止被鸡粪污染。育雏室温度维持恒定，采取高温育雏，并注意通风换气，避免过于拥挤。饲料配合要适当，保证含有丰富的维生素A。不用孵化的废蛋喂鸡。防止雏鸡发生啄食癖。若发现病雏，要迅速隔离消毒。此外，须防止飞禽或其他动物进入鸡场范围散播病原。雏鸡出壳后用福尔马林（14毫升/立方米）和高锰酸钾（7克/立方米）在出雏器中熏蒸15分钟，或加0.01%高锰酸钾溶液饮水1～2天。

【治疗】

育成鸡白痢病的治疗要突出一个早字，一旦发现鸡群中病死鸡增多，确诊后立即全群给药。对革兰阴性菌有效的药物都可以使用，在临床上可根据药敏试验选择药物。

头孢噻呋是动物专用第三代头孢菌素，皮下注射，1毫克/只。氟苯尼考内服时按每千克体重20～30毫克，每天2次，连用3～5天；混饲时按每吨饲料50～100克，连用3天；皮下注射时每千克体重20毫克，每疗程2次，间隔48小时给药。安普霉素按250～500克/吨饮水，连用5天。双氟沙星按50克/吨饮水，连用3～5天。丁胺卡拉霉素按150～250克/吨混饲或按100克/吨饮水，连用3～5天。

（三）禽伤寒

禽伤寒是由鸡伤寒沙门菌引起的一种青年鸡、成年鸡的急性或慢性传染病，以肝脏肿大、呈青铜色和下痢为特征。

【病原】

鸡伤寒沙门菌是革兰阴性短杆菌,易在酸碱度7.2的牛肉膏或浸液琼脂等培养基上生长,形成蓝灰色、湿润、圆形的小菌落。在硒酸盐和四硫黄酸钠肉汤等选择培养基上及在麦康凯和亮绿琼脂等鉴别培养基上都能生长。其抵抗力较差,60℃时10分钟内即被杀死。0.1%石炭酸,0.01%升汞,1%高锰酸钾都能在3分钟内将其杀死,2%福尔马林可在1分钟内将其杀死。

【流行特点】

主要发生于成年鸡和3周龄以上的青年鸡,3周龄以下的鸡偶尔可发病。潜伏期为4~5天,病程大约为5天。病鸡和带菌鸡粪便内含有大量病菌,可污染土壤、饲料、饮水、用具、装饲料的麻袋、车辆等。本病主要通过消化道和眼结膜传播而感染,也可经蛋垂直传播给下一代。本病一般呈散发性,较少呈全群暴发。

【临床症状】

虽然禽伤寒较常见于青年鸡和成年鸡,但也可经蛋传播而感染雏鸡。

雏鸡:如果用受感染的蛋孵雏,可在出雏盘中发现发病垂死的弱雏或死雏,其他雏鸡表现为嗜睡、生长不良、虚弱、食欲不振与肛门周围黏附着白色物。疾病可波及肺部并导致部分病雏呼吸困难或张口喘气。

青年鸡与成年鸡:鸡群中暴发急性禽伤寒时,最初表现为饲料消耗量突然下降,病鸡精神萎靡、羽毛松乱、头部苍白、鸡冠萎缩。感染后2~3天,体温上升1~3℃,并持续到死前的数小时。感染后4天出现死亡,通常是死于感染后5~10天。

【病理变化】

大鸡的最急性病例,眼观病变轻微或不明显。病程稍长的常见有肾、脾和肝充血肿大。在亚急性及慢性病例,特征病变是肝肿大,呈青铜色,心肌和肝有灰白色粟粒状坏死灶,伴发心包炎。公鸡睾丸可存在病灶,并能分离到鸡伤寒沙门菌。

腺胃黏膜易脱落。肌胃内含有食物,其内角质膜易撕下。只有少数例外,一般能从外部看到肠道贫血及透过浆膜看到黏膜溃疡。十二指肠溃疡最严重,整个肠道并扩展到盲肠均可见到少数溃疡,直径为1~4毫米。

肝肿大并有红色与青铜色条纹,脾肿大,心脏有坏死区,肺呈灰色等都是本病的特征性病变。

【诊断】

要做出禽伤寒的确切诊断,必须分离和鉴定鸡沙门菌。鸡群的历史、症状和病变能为本病提供重要线索,对生长鸡与成年鸡的血清学检测结果有助于做出初步诊断。

【预防】

在本病发生时,隔离病鸡,焚烧或深埋病死鸡尸体,严密消毒鸡舍与用具,加0.1%高锰酸钾溶液饮水。严格实施管理制度,雏鸡应该引自无鸡白痢和禽伤寒的场所。有人报告粗糙型和光滑型的致弱菌苗能产生良好的免疫性,前者免疫期约12周,后者可达34周。

【治疗】

药物治疗可以参考鸡白痢。

(四)禽副伤寒

本病是副伤寒沙门菌引起的一种传染病,在临床上亚急性和慢性感染症状不明显,而急性病例多表现为水泻样下痢、精神沉郁、倦怠、两翅下垂、羽毛松乱等症状。

【病原】

副伤寒沙门菌是革兰阴性短杆菌,本菌对热及多种消毒剂敏感。在自然条件下很易生存和繁殖,成为本病易于传播的一个重要因素,在垫料、饲料中副伤寒沙门菌可生存数月至数年。

【流行特点】

鸡常在孵化后两周之内感染发病,6~10天达最高峰。呈地方流行性,病死率从很低到20%不等,严重者高达80%以上。1月龄以上的鸡有较强的抵抗力,一般不引起死亡。成年鸡往往不表现临床症状。该病经卵垂直传播并不常见,在产蛋过程中蛋壳被粪便污染或在产出后被污染,对本病的传播具有极为重要的影响。感染鸡的粪便是最常见的病菌来源。

【临床症状】

雏鸡:经带菌卵感染或出壳雏鸡在孵化器感染病菌,常呈败血症经过,往往不显任何症状迅速死亡。年龄较大的雏鸡则常呈亚急性经过。各种雏鸡副伤寒的症状大致相似,主要表现为嗜眠呆立,垂头闭眼、两翼下垂,羽毛松乱,显著厌食,饮水增加,水泻样下痢,肛门沾有粪便,怕冷而靠近热源处或相互拥挤。呼吸症状不常见。

成年鸡:一般为慢性带菌者,常不出现症状。病菌存在于内脏器官和肠道中。急性病例罕见,有时可出现水泻样下痢,精神沉郁、倦怠,两翅下垂,羽毛松乱等症状。

【病理变化】

最急性死亡的病雏,完全不见病变。成年鸡急性感染的病变,可见肝、脾、肾充血肿胀,出血性或坏死性肠炎、心包炎及腹膜炎。在产蛋鸡中,可见到输卵管的坏死和增生,卵巢的坏死及化脓,这种病变常扩展为全面腹膜炎。慢性感染的成年鸡,特别是肠道带菌者常无明显的病变。

【诊断】

按照症状、剖检变化及鸡群的发病史可做出初步诊断,确诊要进行病原的分离和鉴定。雏鸡急性病例,必须直接自肝、脾、心、血、肺、十二指肠和盲肠或其他器官分离病菌。

目前还没有很可靠的针对慢性患禽的现地诊断方法。由于引起禽副伤寒的沙门菌种类多,且与其他肠道菌可发生交叉凝集,血清学方法未能在诊断中获得广泛使用。

【预防】

目前尚无有效菌苗可供利用,预防本病重在严格实施一般性的卫生消毒和隔离检疫措施,具体可参考鸡白痢的防治措施。

【治疗】

治疗方法与鸡白痢相同。由于病愈鸡可成为长期带菌者,治愈的幼禽不能留作种用。

(五)鸡霍乱

鸡霍乱又称鸡巴氏杆菌病或鸡出血性败血病,是由一定血清型的多杀性巴氏杆菌引起的一种急性传染病。急性病例表现为败血症,全身黏膜有小出血点,发病快,发病率和死亡率均高;慢性病例以鸡冠、肉髯水肿,关节炎及较低的死亡率为特征。

【病原】

多杀性巴氏杆菌是革兰阴性短杆菌,在血琼脂上长出灰白、湿润而黏稠的菌落,在普通琼脂上形成细小透明的露珠状菌落。明胶穿刺培养,沿穿刺孔呈线状生长,上粗下细。该菌在加血清和血红蛋白的培养基上37℃培养18~24小时后,在45°折射光线下检查菌落呈明显的荧光反应。本菌对理化因素的抵抗力较低。在自然干燥的情况下,很快死亡。在浅层的土壤中可存活7~8天,粪便中可存活14天。普通消毒药常用浓度对本菌都有良好的消毒效果;日光对本菌有强烈的杀菌作用;热对本菌的杀伤力很强,培养物加热至60℃时1分钟即死亡。

【流行特点】

3~4月龄的鸡和成鸡易感染禽霍乱,而雏鸡对该病有一定的抵抗力,自然感染鸡的死亡率可达20%。

慢性感染禽是传染的主要来源,经蛋传播很少发生。大多数畜禽都可能是多杀性巴氏杆菌的带菌者,污染的笼子、饲槽等都可能传播病原。多杀性巴氏杆菌在禽群中的传播主要是通过病禽口腔、鼻腔和眼结膜的分泌物进行,这些分泌物污染了环境,特别是饲料和饮水,健康鸡通过呼吸道、消化道和皮肤外伤感染该病。

该病一年四季都可发生和流行,但春秋两季发生相对较多。饲养管理不当、天气突然变化、营养不良(缺乏维生素、矿物质和蛋白质等)、长途运输及其他疾病等不利因素影响下,鸡体抵抗力降低,细菌毒力增强时即可发病。特别是当有新鸡转入带菌的鸡群或者把带菌鸡引入其他鸡群时,更容易引发本病。

【临床症状】

自然感染的潜伏期一般为2~9天,有时在引进病鸡后48小时内也会突然暴发。人工感染通常在24~48小时发病。由于家禽的机体抵抗力和病菌的致病力强弱不同,所表现的病状亦有差异。一般分为最急性、急性和慢性三种病型。

最急性型:常见于流行初期,以产蛋高的鸡最常见。病鸡无前驱症状,晚间一切正常,吃得很饱,次日发病死于鸡舍内。

急性型:为常见型,病鸡主要表现为精神沉郁,羽毛松乱,缩颈闭眼,头缩在翅下,不愿走动,离群呆立,且常有腹泻,排出黄色、灰白色或绿色的稀粪。体温升高到43~44℃,减食或不食,渴欲增加。呼吸困难,口、鼻分泌物增加。鸡冠和肉髯变青紫色,有的病鸡肉髯肿胀,有热痛感。产蛋鸡停止产蛋。最后发生衰竭、昏迷而死亡,病程短的约半天,长的1~3天。

慢性型：由急性病例转变而来，多见于流行后期。以慢性肺炎、慢性呼吸道炎和慢性胃肠炎较多见。病鸡鼻孔有黏性分泌物流出，鼻窦肿大，喉头积有分泌物而影响呼吸，经常腹泻。病鸡消瘦，精神委顿，冠苍白。有些病鸡一侧或两侧肉髯显著肿大，随后可能有脓性干酪样物质，或干结、坏死、脱落。有的病鸡有关节炎，常局限于脚或翼关节和腱鞘处，表现为关节肿大、疼痛，脚趾麻痹，因而发生跛行。病程可拖至一个月以上，但生长发育和产蛋长期不能恢复。

【病理变化】

最急性型死亡病鸡无特殊病变，有时可见心外膜有少许点状出血，或肝脏表面有少数针头大小的灰黄色或灰白色坏死点。

急性型病例的病鸡腹膜、皮下组织及腹部脂肪常见小点出血。心包变厚，心包内积有多量不透明淡黄色液体，有的含纤维素絮状液体，心外膜、心冠脂肪出血尤为明显。肺有充血或出血点。肝脏的病变具有特征性，肝稍肿，质变脆，呈棕色或黄棕色，肝表面散布有许多灰白色、针头大的坏死点。脾脏一般不见明显变化，或稍微肿大，质地较柔软。肌胃出血显著，肠道尤其是十二指肠呈卡他性和出血性肠炎，肠内容物含有血液。

慢性型病例因侵害的器官不同而表现不同的剖检变化。当呼吸道症状为主时，见到鼻腔和鼻窦内有多量黏性分泌物，某些病例可见肺硬变。局限于关节炎和腱鞘炎的病例，主要见关节肿大变形，有炎性渗出物和干酪样坏死。公鸡的肉髯肿大，内有干酪样渗出物；母鸡的卵巢明显出血，有时卵泡变形，似半煮熟样。

【诊断】

根据病鸡流行病学、部检特征、临床症状可做出初步诊断，确诊须进行实验室检查。取病鸡血涂片，肝脾触片经美蓝、瑞氏或姬姆萨染色，如见到大量两极浓染的短小杆菌有助于诊断，进一步的诊断须经细菌的分离培养及生化反应。

该病的很多特征与新城疫相似,应注意鉴别诊断。抗生素和磺胺类药物对新城疫无效,但对鸡霍乱有一定效果;鸡霍乱病例肝脏常有灰白色针尖状坏死灶,鸡新城疫病例肝脏无此变化;慢性型新城疫病例还常表现出神经症状。

【预防】

加强鸡群的饲养管理,平时严格执行鸡场兽医卫生防疫措施,以整栋鸡舍为单位采取全进全出的饲养制度,可有效减少本病的发生。一般从未发生本病的鸡场不进行疫苗接种。

对常发地区或鸡场,药物治疗效果日渐降低,本病很难得到有效的控制,可考虑应用疫苗进行预防。目前的菌苗种类较多,如禽霍乱蜂胶灭活菌苗、禽霍乱荚膜亚单位菌苗等,但大多数疫苗的免疫保护期仅数月。有条件的可在本场分离细菌,经鉴定后制作自家灭活苗,定期对鸡群进行注射,效果可靠。

【治疗】

鸡群发病应立即采取治疗措施。在治疗过程中,药物剂量要足,疗程合理,当鸡只死亡明显减少后,再继续投药2~3天,以巩固疗效,防止复发。可供选择的药物包括磺胺二甲基嘧啶或磺胺五甲氧嘧啶(0.2%~0.5%拌料,连用5天,停用2~3天,再用3~4天;或按0.1%饮水,连用3~4天)、青霉素(5万~10万国际单位/只,胸部肌肉注射,每天2次,连用2~3天)、氟哌酸(按0.1%拌料或饮水)和阿莫西林(羟氨苄青霉素,按每千克体重10~15毫克内服或肌注,每天2次,或按100~150毫克/升饮水给药,连用5天)等。

(六)葡萄球菌病

鸡葡萄球菌病是由金黄色葡萄球菌引起的一种急性败血性或慢性传染病,在雏鸡或中雏中引起较高的死亡率。

【病原】

致病性金黄色葡萄球菌为革兰阳性球菌，在固体培养基上生长的细菌呈葡萄串状排列，在液体培养基中可能呈短链状。金黄色葡萄球菌对外界环境的抵抗力较强，在干燥脓汁或血液中可存活2~3个月。60℃加热30分钟可杀死该菌，煮沸迅速死亡；3%~5%石炭酸和0.2%过氧乙酸对其消毒效果较好。

【流行特点】

葡萄球菌在健康鸡的羽毛、皮肤、眼睑、结膜、肠道中均有存在，也是鸡的饲养环境、孵化车间和禽类加工车间的常在菌。该病的发生与鸡的品种有明显关系，肉种鸡及白羽产白壳蛋的轻型鸡种易发、高发，而褐羽产褐壳蛋的中型鸡种则很少发生，即使条件相同后者较前者发病要少得多。肉用仔鸡对本病较易感。该病流行的另一特点是多发于40~80日龄的鸡，成年鸡发生较少。此外，平养较笼养发生得多。

创伤是本病的主要传染途径，但也可直接传播或通过空气传播。凡是能够使鸡只皮肤、黏膜完整性遭到破坏的因素均可成为发病的诱因，如雏鸡脐带感染是常见的发病途径。

本病发生与饲养管理水平、环境污染程度、饲养密度等因素有直接关系。

【临床症状】

不同病型的葡萄球菌病的临床症状差异显著。

急性败血型：病鸡主要表现为精神、食欲不好，低头缩颈呆立，体温升高，羽毛松乱；少部分病鸡下痢，排灰白色稀粪。该病病程多为2~5天，快者1~2天即死亡，在濒死期或死后可见到鸡胸腹部、翅膀内侧皮肤（有的在大腿内侧、头部、下颌部和趾部皮肤）湿润、肿胀，相应部位羽毛潮湿易掉。

脐带炎型：是新孵雏鸡的常见病型，可由多种细菌感染所致。若感染金黄色葡萄球菌，可在1～2天内死亡，临床表现脐孔发炎肿大，局部黄红或紫黑色，质硬，间有分泌物，腹部膨胀（大肚脐）等。

眼型葡萄球菌病：主要表现为眼睑肿胀，有炎性分泌物，结膜充血、出血等，多为发生鸡痘时继发。

关节炎型：成年鸡和肉种鸡的育成阶段多发生关节炎型葡萄球菌病。多发生于跗关节，表现关节肿大，有热痛感，病鸡站立困难，以胸骨着地，行走不便，跛行，喜卧。有的出现趾底肿胀，溃疡结痂；肉垂肿大出血，冠肿胀，有溃疡结痂。

【病理变化】

急性败血型葡萄球菌病的全身病变明显，幼雏多以脐炎变化为主，脐部肿大，紫黑色，有暗红色或黄红色液体，时间稍久则为脓性干固坏死物；肝脏有出血点；卵黄吸收不良，呈黄红或暗灰色，液体状或混絮状物。成鸡病死后可见局部皮肤增厚、水肿，切开皮肤可见皮下有数量不等的紫红色液体，有的病死鸡皮肤无明显变化，但局部皮下（胸、腹或大腿内侧）有灰黄色胶冻样水肿液；肝脏肿大，淡紫红色，有花纹样变化或可见白色坏死点；心包积液，呈黄红色半透明状。

关节炎型见关节肿胀处皮下水肿，滑膜增厚，充血或出血，关节囊内有浆性或纤维素性渗出物。

【诊断】

根据发病特点、临床症状和剖检变化可初步诊断为本病，但确诊需要进行细菌分离培养。

【预防】

预防本病的发生，要从加强饲养管理，搞好鸡场兽医卫生防疫措施入手,尽可能做到消除发病诱因。防止外伤并做好皮肤外伤的消毒处理,做好鸡痘的预防接种等,都可有效降低葡萄球菌病的发生。

在常发地区频繁使用抗菌药物,疗效日渐降低时,可考虑用疫苗接种来控制本病,可选择鸡葡萄球菌病多价氢氧化铝灭活苗进行免疫预防接种。

【治疗】

金黄色葡萄球菌对药物极易产生抗药性,在治疗前应做药物敏感试验,选择有效药物全群给药。庆大霉素肌注,每千克体重1万~2万国际单位,每天2次,连用3天。卡拉霉素肌注,每千克体重1 000~1 500国际单位,每天2次,连用3天。环丙沙星,混料0.5克/千克,混饮0.2~0.3克/千克,连用3~5天。红霉素,5%可溶性粉混饮,1~3克/千克,连用5~7天;其原粉按0.01%~0.02%混料,连用3天。氟苯尼考(氟甲砜霉素),内服时每千克体重20~30毫克,每天2次,连用3~5天;混饲时按50~100克/吨,连用3天;皮下注射时每千克体重20毫克,每疗程2次,用药间隔48小时。

(七)鸡慢性呼吸道病

鸡慢性呼吸道病是由鸡败血性支原体引起的以呼吸道症状为主的一种接触性传染病。

【病原】

鸡败血支原体呈球形,革兰染色弱阴性,对环境抵抗力较弱,常规消毒药物均能将其迅速杀死。在水中很快死亡,在20℃鸡粪内可生存1~3天。在卵黄内37℃能生存18周,20℃存活6周,45℃经12~14小时死亡。

【流行特点】

各种年龄的鸡都能感染本病,以4~8周龄最易感。本病的传播方式有水平传播和垂直传播：水平传播是病鸡通过咳嗽、喷嚏或排泄物污染空气，经呼吸道传染，也可通过饲料或水源由消化道传染，或可经交配传播；垂直传播是由隐性或慢性感染的种鸡所产的带菌蛋使14~21日龄的胚胎死亡或孵出弱雏，这种弱雏因带病原体又能引起水平传播。

本病在鸡群中流行缓慢，仅在新疫区表现急性经过，鸡群遭到其他病原体感染或寄生虫侵袭，以及遭到抵抗力降低的应激因素（如预防接种，卫生不良，鸡群过分拥挤，营养不良，气候突变等）均可促使或加剧本病的发生和流行。带有本病病原体的幼雏，用气雾或滴鼻方法免疫时，能诱发致病。若用带有病原体的鸡胚制作疫苗时，则能造成疫苗污染。本病一年四季均可发生，但以寒冷的季节流行较严重。

本病的危害还在于使病鸡生长发育不良，胴体降级，成年鸡的产蛋量减少，饲料的利用率下降；同时病原体还能通过隐性感染的种鸡经卵传递给后代，这种垂直传播可造成本病代代相传。

【临床症状】

本病的潜伏期，人工感染4~21天，自然感染可能更长。本病多发生于1~2月龄幼鸡，症状较成年鸡严重。病鸡先是流稀薄或黏稠鼻液，打喷嚏，鼻孔周围和颈部羽毛常被玷污。其后炎症蔓延到下呼吸道即出现咳嗽，呼吸困难，呼吸有气管啰音等症状。病鸡食欲不振，体重减轻，消瘦。到了后期，如果鼻腔和眶下窦中蓄积渗出物，就引起眼睑肿胀，眶下窦肿胀发硬，眼部突出如肿瘤状。眼球受到压迫，发生萎缩和造成失明，可以侵害一侧眼睛，也可能两侧同时发生。

成年鸡症状与幼鸡基本相似，但较缓和。病鸡食欲不振，体重减轻。母鸡常产出软壳蛋，同时产蛋率和孵化率下降，后期常蹲伏一隅，不愿走动。公鸡的症状常较明显。病愈康复鸡具有一定程度的免疫力，但多为带菌鸡，下的蛋也含有病原体，成为鸡群中本病的传染源。

【病理变化】

肉眼可见的病变主要是鼻腔、气管、支气管和气囊中有渗出物，气管黏膜常增厚。胸部和腹部气囊的变化明显，早期为气囊膜轻度混浊、水肿，表面有增生的结节病灶，外观呈念珠状。随着病情的发展，气囊膜增厚，囊腔中含有大量干酪样渗出物，有时能见到一定程度的肺炎病变。在严重的慢性病例，眶下窦黏膜发炎，窦腔中积有混浊黏液或干酪样渗出物。炎症蔓延到眼睛，往往可见一侧或两侧眼部肿大，眼球破坏，剥开眼结膜可以挤出灰黄色的干酪样物质。严重病鸡常发生纤维素性或纤维素性化脓性心包炎、肝周炎和气囊炎，此时常与大肠杆菌混合感染。出现关节症状，尤其是跗关节、关节周围组织水肿时，关节液增多，开始时清亮而后混浊，最后呈奶油状黏稠度。

【诊断】

根据本病的流行情况、临诊症状和剖检变化，可做出初步诊断，进一步确诊可人工培养分离病原及进行血清学检查。

本病在临诊上应注意与鸡的传染性支气管炎、传染性喉气管炎、新城疫、雏鸡曲霉菌病、滑液囊支原体、禽霍乱相鉴别。此外，该病与维生素A缺乏引起窦炎的区别主要是：维生素A缺乏时干酪样渗出物呈白色，同时在咽及食道黏膜可发现有很多隆起的白色脓疱状病灶，而早期在饲料中增加维生素A或补充鱼肝油等可迅速控制其发展。

【预防】

1. 免疫预防疫苗接种

这是一种减少支原体感染的有效方法。目前的疫苗主要有两种, 即弱毒活疫苗和灭活疫苗。对其他传染性疾病进行预防接种活疫苗时, 应严格选择无支原体污染的疫苗。许多病毒性活疫苗中常常有致病性支原体污染, 鸡由于接种这种疫苗而受到感染, 所以选择无污染活疫苗也是一种极为重要的预防措施。

2. 其他综合措施

健康鸡场要做好预防工作, 杜绝本病的传染来源。引进种鸡、苗鸡和种蛋时, 都必须从确实无病的鸡场引入。平时要加强饲养管理, 尽量避免引起鸡体抵抗力降低的一切应激因素, 如鸡群饲养密度不能太高, 鸡舍通风良好, 空气清新, 阳光充足, 防止受冷, 饲料配合适宜, 定期驱除寄生虫等。这些措施对于防止感染鸡败血支原体病都是很重要的。幼鸡到2~4月龄时, 应定期进行血清凝集试验, 淘汰阳性反应鸡, 要求与鸡白痢检疫相同。

清除种蛋的鸡败血支原体, 以防经蛋传播。本病可以通过鸡蛋传染, 因此对于孵化用的种蛋必须严格控制, 尽量减少种蛋带菌。有两种方法可以用来降低或消除种蛋内的支原体, 一是在种蛋入孵前在0.04%~0.1%的红霉素溶液中浸泡15~20分钟; 二是对种蛋加热处理, 即在入孵之前, 先将种蛋在45℃条件下处理14小时, 效果也很好, 可两种方法并用。对已经感染本病的种鸡, 在产蛋前和产蛋期间, 肌肉注射链霉素20万单位, 每隔1个月注射一次; 同时在种鸡的饲料中添加土霉素, 也能够减少种蛋带菌。另外, 在雏鸡出壳时, 用链霉素溶液(每毫升蒸馏水中含链霉素100单位)喷雾, 或用链霉素滴鼻(每只幼雏2 000单位), 以控制发病。

培养无支原体感染鸡群。鸡群一经感染鸡败血支原体后, 很不容易消灭, 最根本的防治方法是建立无病鸡群, 这对种鸡场来说尤为重要。主要措施: 以有抑制作用的抗生素处理种鸡, 降低母鸡支原体带菌率和带菌强度, 从而降低蛋的污染率和污染强度。45℃

时经14小时处理种蛋, 消灭蛋中的支原体。种蛋小批量孵化, 每批100~200只, 减少孵出的雏鸡相互之间可能的传染机会。小群分群饲养, 定时进行血清学检查, 一旦确实出现阳性反应鸡, 立即将小群淘汰。在进行全部程序时, 要做好孵化箱、孵化室、用具、房舍等的消毒和隔离工作, 防止外来感染进入鸡群。由这种程序育成的鸡群、在产蛋前全部进行一次血清学检查, 必须是无阳性反应群才能用作种鸡。当完全阴性反应亲代鸡群所产的蛋, 不经过药物或热力处理孵出的子代鸡群经过几次检测都未出现阳性反应鸡后, 可以认为已成功建立无支原体感染群。

【治疗】

对支原体敏感的药物较多, 但需要注意的是, 不同药物的疗效在不同鸡场可能有较大差异, 要因时因地选用。药物可单独使用, 也可联合或交替使用, 以提高疗效或延长药物的使用寿命。若同时发生鸡新城疫、传染性支气管炎等病毒病时, 则疗效可能不理想。此外, 用药期间要加强饲养管理, 消除不良发病因素。常用药物包括: 红霉素, 混饮, 1~2克/升, 连用3~5天; 复方泰乐菌素, 混饮, 1~2克/升, 连用3~5天; 北里霉素, 混饮, 0.5克/升, 连用3~5天; 喹诺酮类, 杀菌力强, 吸收迅速, 体内分布广, 使用方便, 不良反应小, 常用的有氧氟沙星、达氟沙星、二氟沙星、沙拉沙星、恩诺沙星、环丙沙星等, 用法和剂量可以参照不同产品的说明使用; 壮观霉素与林可霉素合用, 克林霉素、泰妙菌素等对鸡败血性支原体也有良好效果。

(八) 传染性鼻炎

鸡传染性鼻炎是由副鸡嗜血杆菌所引起的鸡的一种急性呼吸道疾病。主要表现为眼、鼻腔和眶下窦发炎, 流水样鼻液, 脸部肿胀, 打喷嚏, 厌食和腹泻。

【病原】

副鸡嗜血杆菌是革兰阴性多形性小杆菌，无芽孢、鞭毛、荚膜，可以单个、成双或短链形式存在。该菌对理化因素的抵抗力较弱，培养基上的细菌在4℃时能存活2周，在自然环境中数小时即死亡。对热敏感，在45℃存活不超过6分钟，在真空冻干条件下可以保存10年。常用的消毒药都可有效杀灭该菌。

【流行特点】

鸡是该菌的唯一自然宿主，各种年龄的鸡均可感染该菌，但成年鸡感染更为严重。4周龄至3年的鸡易感。人工感染4～8周龄小鸡时有90%出现典型症状，13周龄和更大些的鸡则100%感染。在较老的鸡中，潜伏期较短，病程长。本病多发于秋冬及春初时节，夏季很少发生。

病鸡及隐性带菌鸡是传染源，而慢性病鸡及隐性带菌鸡是鸡群中发生本病的重要原因。传播途径主要是飞沫及尘埃经呼吸道传染，但也可通过污染的饲料和饮水经消化道传染。

本病潜伏期短，传播快，一些能使机体抵抗力下降的诱因与该病暴发有密切关系，如鸡群拥挤，不同年龄的鸡混群饲养，通风不良，鸡舍内闷热，氨气浓度大，或鸡舍寒冷潮湿，缺乏维生素A，受寄生虫侵袭等都能促使鸡群严重发病。鸡群接种禽痘疫苗引起的全身反应，也常常是传染性鼻炎的诱因。

【临床症状】

该病的典型症状为鼻腔和鼻窦发炎，鼻腔流稀薄清液，以后转为浆液黏性或脓性分泌物，有时打喷嚏。脸肿胀或显示水肿，眼结膜炎，眼睑肿胀。食欲及饮水减少，或有下痢，体重减轻。病鸡精神沉郁，脸部浮肿，缩头，呆立。仔鸡生长不良，成年母鸡产卵减少，公鸡肉髯常见肿大。如炎症蔓延至下呼吸道，则呼吸困难，病鸡常摇头欲将呼吸道内的黏液排出，并有啰音。咽喉亦可积有分泌物的凝块，最后常窒息而死。

发病或污染鸡群，可使小鸡发育不良，育成率低；开产前的鸡卵巢发育受到影响，开产期延长，产蛋率下降；公鸡睾丸萎缩，受精率下降；肉鸡残次品增加。

【病理变化】

本病发病率虽高，但死亡率较低，尤其是在流行的早、中期鸡群很少有死鸡出现。但在鸡群恢复阶段，死淘增加，不见死亡高峰，这部分死淘鸡多属继发感染所致。

育成鸡发病死亡较少，流行后期死淘鸡不及产蛋鸡群多。主要病变为鼻腔和窦黏膜呈急性卡他性炎，黏膜充血肿胀，表面覆有大量黏液，窦内有渗出物凝块，后成为干酪样坏死物。常见卡他性结膜炎，结膜充血肿胀。脸部及肉髯皮下水肿。严重时可见气管黏膜炎症，偶有肺炎及气囊炎。

【诊断】

本病和慢性呼吸道病、慢性鸡霍乱、禽痘以及维生素缺乏症等的症状相类似，所以仅从临床症状上来诊断本病有一定困难。此外，传染性鼻炎常有并发感染，在诊断时必须考虑到其他细菌或病毒并发感染的可能性。如群内死亡率高，病期延长时，则更须考虑有混合感染的因素，需进一步做出鉴别诊断。

【预防】

鸡场在平时应加强饲养管理，改善鸡舍通风条件，做好鸡舍内外的卫生消毒工作，以及病毒性呼吸道疾病的防治工作，提高鸡只抵抗力，对预防本病有重要意义。

鸡场内每栋鸡舍应做到全进全出，禁止不同日龄的鸡混养。清舍之后要彻底进行消毒，空舍一定时间后方可让新鸡群进入。

目前已有鸡传染性鼻炎油佐剂灭活苗,对本病流行严重地区的鸡群有较好的保护作用,根据本地区情况可自行选用。

【治疗】

副鸡嗜血杆菌对磺胺类药物非常敏感,是治疗本病的首选药物。一般用复方新诺明或磺胺增效剂与其他磺胺类药物合用,或用2~3种磺胺类药物组成的联磺制剂,均能取得较明显效果。此外,红霉素、强力霉素、庆大霉素、卡拉霉素等也是可选用的药物,其用法用量可参考大肠杆菌病等的治疗。

(九)坏死性肠炎

坏死性肠炎(肠毒血症或烂肠症)是由魏氏梭菌(产气荚膜梭状芽孢杆菌)引起的,以肠黏膜坏死为主要特征的一种传染病。

【病原】

魏氏梭菌为革兰阳性粗短杆菌,在自然界中形成芽孢较慢,芽孢呈卵圆形,位于菌体中央或近端,在机体内形成荚膜,是本菌的重要特点,人工培养基上常不形成芽孢。其最适培养基为血液琼脂平板,37℃培养过夜,便能分离出魏氏梭菌。魏氏梭菌在血液琼脂上形成圆形、光滑的菌落,直径2~4毫米,周围有两条溶血环,内环呈完全溶血,外环不完全溶血。

【流行特点】

魏氏梭菌是鸡肠道内的常在菌,因此粪便内就有该菌存在,粪便可以污染土壤、水、灰尘、饲料、垫草、一切器具等。发病的鸡多为2~3周龄至4~5月龄的青年鸡,各种应激因素(包括球虫的感染,饲料中蛋白质含量增加,肠黏膜损伤,口服抗生素,污染环境中魏氏梭菌增多等)都可造成本病发生。

【临床症状】

2周到6个月的鸡常发生坏死性肠炎,尤以2~5周龄散养肉鸡为多。临床症状可见精神沉郁,食欲减退,不愿走动,羽毛蓬乱,病程较短,常呈急性死亡。

【病理变化】

病变主要在小肠后段,尤其是回肠和空肠部分,盲肠也有病变。肠壁脆弱、扩张,充满气体,内有黑褐色肠容物。肠黏膜上附着疏松或致密的黄色或绿色的假膜,有时可出现肠壁出血。实验感染病变显示,感染后3小时十二指肠呈现肠黏膜增厚、肿胀,充血;感染后5小时肠黏膜发生坏死,并随病程进展表现严重的纤维素性坏死,继之出现白喉样的伪膜。肝脏充血肿大,有不规则的坏死灶。

【诊断】

临床上可根据症状、典型的剖检及组织学病变做出诊断,进一步确诊可采用实验室方法进行病原的分离和鉴定及血清学检查。球虫病与魏氏梭菌病可以并发,可通过细菌培养与球虫检查来加以区分。

【预防】

加强饲养管理和环境卫生工作,避免密集饲养和垫料堆积,合理贮藏饲料,减少细菌污染等,严格控制各种内外因素对机体的影响,可有效地预防和减少本病的发生。有资料报道,在饲料中添加黄霉素或酶制剂,在全价日粮中不得额外添加鱼粉、小麦、大豆、动物油脂,正确使用抗生素等措施,也可减少本病的发生。

【治疗】

(1)林可霉素混饲,每吨饲料2.2~4.4克(以有效成分计),连用5~7天。

(2)庆大霉素按每千克体重10毫克饮水,每天2次,连用5天。

(3)红霉素混饲,每千克饲料20~50毫克,混饮配成0.01%浓度,连用3~5天。

（4）环丙沙星0.02%拌料饲喂。

（5）强力霉素0.01%饮水，连用5天。

（十）绿脓杆菌病

本病是由绿脓杆菌引起的幼雏和青年鸡局部或全身感染性疾病。

【病原】

绿脓杆菌是一种能运动的革兰阴性杆菌，单独或成双，有时呈短链。本菌在普通培养基上生长良好，能产生致死毒素、肠毒素、溶血毒素、内毒素等，引起鸡发病死亡。

【流行特点】

绿脓杆菌在自然界中分布广泛，土壤、水、肠内容物、动物体表等处都有本菌存在。鸡是最常见禽类宿主。浸蛋溶液中可能也会污染此菌。腐败鸡蛋在孵化器内破裂，可能是雏鸡暴发绿脓杆菌感染的一个来源。我国发现的雏鸡绿脓杆菌病，主要是由于注射马立克病疫苗而感染绿脓杆菌所致。若气温较高，再经长途运输，会降低雏鸡机体的抵抗力而发病。

本病一年四季均可发生，但以春季出雏季节多发。雏鸡对绿脓杆菌的易感性最高，随着日龄增加，易感性越来越低。

【临床症状】

雏鸡精神沉郁，食欲降低或废绝，体温升高达42℃以上，腹部膨胀，两翅下垂，羽毛逆立，排黄白色或白色水样粪便。有的病例几乎看不到临床症状而突然死亡，死亡率高达90%。有的病例出现眼球炎，表现为上下眼睑肿胀，一侧或双侧眼睛不开，角膜白色混浊，膨隆，眼中常带有微绿色的脓性分泌物。时间长者，眼球下陷后失明，影响采食，最后衰竭而死亡。也有的雏鸡表现神经症状，奔跑，动作不协调，站立不稳，头颈后仰，最后倒地而死。若孵化器被绿脓杆菌污染，在孵化过程中会出现爆破蛋，同时出现孵化率降低，死胚增多。

【病理变化】

脑膜有针尖大的出血点，脾脏淤血，肝脏表面有大小不一的出血斑点。头、颈部皮下有大量黄色胶冻样渗出物，有的可蔓延到胸部、腹部和两腿内侧的皮下，颅骨骨膜充血和出血，头颈部肌肉和胸肌不规则出血，后期有黄色纤维素样渗出物。腹腔有淡黄色清亮的腹水，后期腹水呈红色，肝脏、法氏囊浆膜和腺胃浆膜有大小不一的出血点，气囊混浊增厚。绿脓杆菌静脉接种，引起心包炎与化脓性肺炎。卵黄吸收不良，呈黄绿色，内容物呈豆腐渣样，严重者卵黄破裂形成卵黄性腹膜炎。侵害关节者，关节肿大，关节液混浊增多。死胚表现为颈后部皮下肌肉出血，尿囊液呈灰绿色，腹腔中残留较大的尚未吸收的卵黄囊。

【诊断】

雏鸡患绿脓杆菌病，往往发生在注射马立克病疫苗后的当天深夜或第二天，发病急，且死亡率高。根据疾病的流行病学特点和病雏的临床症状及剖检变化可做出初步诊断，确诊必须进行病原菌的分离培养和鉴定。

【预防】

防止本病发生，重要的是搞好孵化的消毒卫生工作。种蛋可用福尔马林熏蒸（蛋壳消毒）后再入孵。防止孵化器内出现腐败蛋。对孵出的雏鸡进行马立克病疫苗免疫注射时，要注意对注射针头消毒，以避免将病原菌带入鸡体内。

【治疗】

一旦暴发本病，选用高敏药物，如庆大霉素、新霉素、多黏菌素、丁胺卡那霉素进行紧急注射或饮水治疗，可很快控制疫情。另外,也可用庆大霉素给雏鸡饮水预防。

(十一)鸡曲霉菌病

曲霉菌病(又称曲霉菌性肺炎)是曲霉菌属真菌侵害呼吸器官引起的一种传染病,以在肺部及气囊发生炎症并形成肉芽肿结节为主要特征。该病主要发生于雏鸡,常呈急性群发性暴发。

【病原】

曲霉菌属中的烟曲霉是致病力较强的病原,黄曲霉、构巢曲霉、黑曲霉和土曲霉等也有不同程度的致病性,偶尔也可从病灶中分离到青霉菌、白霉菌等。霉菌在常温下能存活很长时间,在温暖、潮湿的适宜条件下24~30小时即产生孢子。孢子对外界环境理化因素的抵抗力很强,在干热120℃时1小时,或煮沸5分钟才能杀死。对化学药品也有较强的抵抗力,如2.5%福尔马林、3%的烧碱、水杨酸、碘酊等,需经1~3小时才能灭活。

【流行特点】

雏鸡对该菌的易感性最高,特别是20日龄以内的雏鸡呈急性暴发和群发性发生,而成鸡常常散发。出壳后的雏鸡在进入曲霉菌严重污染的育雏室或装入被污染的装雏器内而感染,48小时后即开始发病和死亡,4~12日龄是本病流行的最高峰,以后逐渐减少,至1月龄时基本停止。如果饲养管理条件不好,流行和死亡可一直延续到2月龄。

污染的木屑垫料、空气和发霉的饲料是引起本病流行的主要传染源,其中可含有大量烟曲霉菌孢子。曲霉菌的孢子广泛存在于自然界,家禽在污染的环境里带菌率很高。病菌主要通过呼吸道和消化道传染。育雏阶段的饲养管理、卫生条件不良是引起本病暴发的主要诱因,育雏室内日温差大、通风换气不好、过分拥挤、阴暗潮湿以及营养不良等因素都能促使本病发生和流行。同样,孵化环境阴暗、潮湿、发霉,甚至孵化器发霉等,都可能使种蛋污染,引起胚胎感染,出现死亡或幼雏过早感染发病。

【临床症状】

病鸡可见呼吸困难、张口呼吸,精神委顿,常缩头闭眼,流鼻液,食欲减退,口渴增加,消瘦,体温升高,后期表现腹泻。在食管黏膜有病变的病例,表现吞咽困难。病程一般在1周左右。禽群发病后如不及时采取措施,死亡率可达50%以上。放养在户外的家禽对曲霉菌的抵抗力很强,几乎能避免传染。

有些雏鸡可发生曲霉菌性眼炎,通常是一侧眼的瞬膜下形成黄色干酪样小球,致使眼睑鼓起。有些鸡还可见角膜中央形成溃疡。

【病理变化】

肺的病变最为常见,肺充血,切面上流出灰红色泡沫液。胸腹膜、气囊和肺上有一种针头至小米般大小的坏死肉芽肿结节,有时可以相互融合成大的团块,最大的直径3~4毫米,结节呈灰白或淡黄色,柔软有弹性,内容物呈干酪样。腺胃胃壁增厚,乳头肿胀。在肺的组织切片中,可见到多发性的支气管肺炎病灶和肉芽肿,病灶中可见分节清晰的霉菌菌丝、孢子囊及孢子。

【诊断】

在鸡场中诊断本病主要依靠流行病学调查,如肉鸡发生呼吸道感染,不卫生的环境条件,特别是发霉的垫料、饲料和病理剖检变化(特征是肺和气囊膜有大小不等的结节性病灶,或伴有肺炎)。确诊本病,可取病禽肺或气囊上的结节病灶做压片镜检或分离培养鉴定。

【预防】

不使用发霉的垫料和饲料是预防本病的关键措施。育雏室保持清洁、干燥;不用发霉的垫料,垫料要经常翻晒和更换,特别是阴雨季节更应翻晒,防止霉菌生长;育雏室每日温差不要过大,按雏禽日龄逐步降温;合理通风换气,减少育雏室空气中的霉菌孢子;保持室内环境及用物干燥、清洁,饲槽和饮水器具经常清洗,保持孵化室卫生,防止雏鸡霉菌感染;育雏室清扫干净,经甲醛液熏蒸消毒后,用0.3%过氧乙酸消毒,之后再进雏饲养。

【治疗】

目前该病尚无特效的治疗方法,制霉菌素、克霉唑和硫酸铜等在一定程度上可控制该病。制霉菌素,每100只雏鸡一次用50万单位,每天2次,连用2天;克霉唑,每100只雏鸡用1克,混合在饲料中喂服;1:2 000硫酸铜饮水,连用3~5天。

### 三、肉鸡球虫病的防控

鸡球虫病是规模化养鸡业最为多发、危害严重且防治困难的疫病之一,是对鸡危害最严重的寄生虫病。以肠炎、腹泻、生长迟缓、饲料转化率下降和死亡为特征,每年由此导致全球养鸡业的经济损失相当可观。

【病原】

球虫病是由艾美耳属的多种球虫寄生于鸡的肠上皮细胞内而引起的以出血性肠炎、雏鸡高死亡率为特征的一种原虫病,常暴发于3~6周龄的雏鸡。不同种的球虫,在鸡肠道内寄生部位不同,其致病力有显著差异。主要有以下几种:

(1)柔嫩艾美耳球虫:寄生于盲肠,致病力最强。

(2)毒害艾美耳球虫:寄生于小肠中1/3段,致病力强。

(3)巨型艾美耳球虫:寄生于小肠,以中段为主,有一定的致病作用。

(4)堆型艾美耳球虫:寄生于十二指肠及小肠前段,有一定的致病作用,严重感染时引起肠壁增厚和肠道出血等病变。

(5)和缓艾美耳球虫:寄生在小肠前段,致病力较低,可能引起肠黏膜的卡他性炎症。

(6)早熟艾美耳球虫:寄生在小肠前1/3段,致病力低,一般无肉眼可见的病变。

(7)布氏艾美耳球虫:寄生于小肠后段,盲肠根部,有一定的致病力,能引起肠道点状出血和卡他性炎症。

【生活史】

鸡球虫是宿主特异性和寄生部位特异性都很强的原虫,鸡是各种球虫的唯一宿主。不同品种的鸡均有易感性,15~50日龄的鸡发病率和致死率都较高,成年鸡对球虫有一定的抵抗力。病鸡是主要传染源,凡被带虫鸡污染过的饲料、饮水、土壤和用具等,都有卵囊存在。鸡感染球虫的途径主要是吃了感染性卵囊。人及其衣服、用具等,某些昆虫都可成为机械传播者。饲养管理条件不良,鸡舍潮湿、拥挤、卫生条件恶劣时,最易发病。在潮湿多雨、气温较高的梅雨季节易暴发球虫病。球虫虫卵的抵抗力较强,在外界环境中不易被一般的消毒剂破坏。卵囊对高温和干燥的抵抗力较弱,当相对湿度为21%~33%时,柔嫩艾美耳球虫的卵囊在18~40℃温度下经1~5天就死亡。

【临床症状】

病鸡精神沉郁,羽毛蓬松,头蜷缩,食欲减退,嗉囊内充满液体,鸡冠和可视黏膜贫血、苍白,逐渐消瘦,病鸡常排红色胡萝卜样粪便。若感染柔嫩艾美耳球虫,开始时粪便为咖啡色,以后变为完全的血粪,如不及时采取措施,致死率可达50%以上。若多种球虫混合感染,粪便中带血液,并含有大量脱落的肠黏膜。

【病理变化】

病鸡消瘦,鸡冠与黏膜苍白,内脏变化主要发生在肠管,病变部位和程度与球虫的种别有关。

柔嫩艾美耳球虫主要侵害盲肠,两支盲肠显著肿大,可为正常的3~5倍,肠腔中充满凝固的或新鲜的暗红色血液,盲肠上皮变厚,有严重的糜烂。

毒害艾美耳球虫损害小肠中段,使肠壁扩张、增厚,有严重的坏死。在裂殖体繁殖的部位,有明显的淡白色斑点,黏膜上有许多小出血点,肠管中有凝固的血液或有胡萝卜色胶冻样内容物。

巨型艾美耳球虫损害小肠中段,可使肠管扩张,肠壁增厚,内容物黏稠,呈淡灰色、淡褐色或淡红色。

堆型艾美耳球虫多在上皮表层发育,并且同一发育阶段的虫体常聚集在一起,使被损害的肠段出现大量淡白色斑点。

若多种球虫混合感染,则肠管粗大,肠黏膜上有大量的出血点,肠管中有大量带有脱落肠上皮细胞的紫黑色血液。

【诊断】

肉鸡生前用粪便涂片查到球虫卵囊,或死后取肠黏膜触片或刮取肠黏膜涂片查到虫体,均可确诊为球虫感染。但由于鸡的带虫现象极为普遍,是不是由球虫引起的发病和死亡,应根据临诊症状、流行病学资料、病理剖检情况和病原检查结果进行综合判断。

【预防】

加强饲养管理:保持鸡舍干燥、通风和鸡场卫生,定期清除粪便,堆放发酵以杀灭卵囊。保持饲料、饮水清洁,笼具、料槽、水槽定期消毒,一般每周一次,可用沸水、热蒸汽或3%~5%热碱水等处理。用球杀灵和1:200的农乐溶液消毒鸡场及运动场,均对球虫卵囊有强大杀灭作用。每千克日粮中添加0.25~0.5毫克硒可增强鸡对球虫的抵抗力。补充足够的维生素K和给予3~7倍推荐量的维生素A可加速鸡患球虫病后的康复。

免疫预防：为了避免药物残留对环境和食品的污染和耐药虫株的产生，现已研制了数种球虫疫苗。但有关球虫疫苗的保存、运输、免疫时机、免疫剂量及免疫保护性和疫苗安全性等很多问题，还有待进一步研究。

药物防治：对鸡球虫病的防治主要是依靠药物。生产实践证明，各种抗球虫药在使用一段时间后都会引起虫体的抗药性，因此肉鸡生产常以下列两种用药方案来防止产生抗药性。

穿梭用药：即在开始时使用一种药物，至生长期时使用另一种药物。如在1~4周龄使用一种化药（如球痢灵或尼卡巴嗪），自4周龄至屠宰前使用一种抗生素（如盐霉素或马杜拉霉素）。

轮换用药：即合理地交换使用抗球虫药，在春季和秋季变换药物可避免抗药性的产生。

常用于预防球虫病的药物主要有以下几种：

（1）氯羟吡啶（克球粉）：按0.0125%混入饲料，无休药期；按0.025%混饲，休药期为5天。

（2）氨丙啉：按0.0125%混入饲料，从雏鸡出壳第1天用到屠宰上市为止，无休药期。

（3）球痢灵：按0.012 5%混入饲料，休药期为5天。

（4）盐霉素（球虫粉）：按0.005%~0.006%混入饲料，无休药期。

（5）马杜拉霉素（抗球王）：按0.0005%~0.0006%混入饲料，无休药期。

（6）尼卡巴嗪：按0.0125%混入饲料，休药期为4天。

（7）杀球灵（地克株利）：按0.0001%混入饲料，无休药期。

（8）拉沙菌素：按0.0075%~0.0125%混入饲料，休药期为3天。

（9）那拉菌素：按0.005%～0.007%混入饲料，无休药期。

【治疗】

鸡场一旦暴发球虫病，应及早进行治疗。若不晚于感染后96小时给药，可降低鸡的死亡率。常用的治疗药物有以下几种：

（1）磺胺二甲基嘧啶：按0.1%混入饮水，连用2天；或按0.05%混入饮水，连用4天，休药期为10天。

（2）磺胺喹恶啉：按0.1%混入饲料，喂2～3天，停药3天后按0.05%混入饲料，喂药2天，停药3天，再给药2天，无休药期。

（3）氨丙啉：按0.012%～0.024%混入饮水，连用3天，无休药期。

（4）磺胺氯吡嗪：按0.03%混入饮水，连用3天，休药期为5天。

（5）磺胺二甲基嘧啶：按0.05%混入饮水，连用6天，休药期为5天。

（6）百球清：按0.0025%混入饮水，在后备母鸡群中可用此剂量混饲或混饮3天。

## 四、肉鸡营养代谢及中毒病的防控

（一）维生素A缺乏症

【病因】

主要由于饲料中缺乏合成维生素A的原料或饲料中添加维生素A不足引起。如果母鸡本身缺乏维生素A，用其所产的种蛋孵出的雏鸡，再饲喂缺乏维生素A的饲料，也很容易发生维生素A缺乏症。

【临床症状】

雏鸡症状出现在1～7周龄，出现的早晚根据蛋黄中维生素A的储量和饲料中维生素A的含量而定。首先表现为生长停滞，嗜睡，羽毛松乱，轻微的运动失调，鸡冠和肉髯苍白，喙和脚趾黄色素消失。

病程超过1周仍存活的鸡,眼睑发炎或粘连,鼻孔和眼睛流出黏液性分泌物,眼睑肿胀,蓄积有干酪样渗出物。成鸡缺乏维生素A,大多数为慢性经过,通常在2~5个月后出现症状。早期表现为产蛋率下降,生长发育不良,以后眼睛发炎、肿胀,眼睑粘连,结膜囊内蓄积黏液性或干酪样渗出物,角膜发生软化和穿孔,最后失明,流出大量的鼻液,病鸡呈现呼吸困难。

【病理变化】

雏鸡眼睑发炎,常为黏性渗出物所粘连而闭合,结膜囊内蓄积有干酪样渗出物。肾脏苍白,肾小管和输尿管内有白色尿酸盐沉积。严重时,心脏、肝脏和脾脏等均有尿酸盐沉着。产蛋鸡消化道黏膜肿胀,口腔、咽、食道的黏膜有小脓疱样病变,有时蔓延到嗉囊,破溃后形成溃疡。支气管黏膜可能覆盖一层很薄的伪膜。结膜囊或窦肿胀,内有干酪样渗出物。

【诊断】

根据症状、剖解变化以及对饲料的分析可诊断此病。

【防治措施】

维生素A的正常需要量:每千克日粮中,雏鸡、育成鸡需1 500国际单位,产蛋鸡、种鸡需4 000国际单位。维生素A缺乏时,可按维生素A正常需要量的3~4倍混料喂饲,连喂2周后,再恢复正常需要量的水平。

(二)维生素B$_1$缺乏症

【病因】

饲料中缺少富含维生素B$_1$的糠麸、酵母、谷物类产品,长期饲喂嘧啶环和噻唑药物。

【临床症状】

雏鸡多在2周龄以前发生,表现为麻痹或痉挛,病鸡瘫痪,坐在屈曲的腿上,头向背部极度弯曲,呈现所谓"观星"姿势。严重的因瘫痪不能行动,倒地不起,抽搐死亡。成年鸡除了神经症状外,还出现鸡冠发紫,所产种蛋孵化率降低等症状。

【病理变化】

胃肠道有炎症,十二指肠溃疡,睾丸和卵巢明显缩小,皮肤水肿,肾上腺肥大。

【防治措施】

适当多喂各种谷物、麸皮和新鲜青绿的青饲料等含有丰富维生素$B_1$的饲料。病鸡每千克体重内服维生素$B_1$ 2.5毫克,肌肉注射量为每千克体重0.1~0.2毫克。

(三)维生素$B_2$缺乏症

【病因】

饲料中缺乏富含维生素$B_2$的酵母、青绿饲料、豆类和麸皮等,饲料中添加维生素$B_2$不足。

【临床症状】

雏鸡缺乏维生素$B_2$特征性的症状是病鸡的趾爪向内蜷缩,呈"握拳状",两肢瘫痪,以飞节着地,翅展开以维持身体平衡,运动困难,被迫以趾部行走,腿部肌肉萎缩或松弛,皮肤干燥下痢,有的发生结膜炎和角膜炎。种鸡产蛋率和种蛋孵化率明显降低,蛋白稀薄。

【病理变化】

重症病鸡,坐骨神经和臂神经显著肿大而柔软,比正常者大4~5倍;羽毛脱落不全;卷曲;肝脏肿大,有脂肪肝;胃肠道黏膜萎缩,肠壁变薄。

【防治措施】

饲喂酵母、谷类和青绿饲料,对防治维生素$B_2$缺乏有较好效果。根据不同饲养条件及时增减维生素$B_2$的用量,避免饲料贮存时间过久,避免风吹、日晒、雨淋。治疗病情较轻的鸡,可在每吨饲料中添加维生素$B_2$ 6~9克,连续1~2周。也可采用口服或肌肉注射的方法,每只鸡每次1~2毫克,连续2~3天,有一定的疗效。对于病重鸡,很少能够康复。

（四）维生素D缺乏症

【病因】

影响鸡生长的主要是维生素$D_3$。维生素$D_3$能调节机体内钙和磷的代谢,促进钙和磷由肠道吸收,对骨组织的沉钙成骨有直接作用。因此,当维生素$D_3$缺乏时易引发本病。

【临床症状】

雏鸡维生素$D_3$缺乏时,在出壳10~11天就会出现症状,一般在1个月左右发病,并且与雏鸡饲料中维生素D和钙的缺乏程度以及种蛋中维生素D和钙的含量直接相关。雏鸡的最初症状是腿部无力,喙和爪软而弯曲,走路无力。以后跗关节着地,蹲伏休息,生长迟缓或完全停滞,骨骼柔软肿大,肋骨表现明显,在肋骨和肋软骨的连接处显著肿大,并形成圆形的结节,胸骨侧弯,胸骨正中内陷,使胸腔变小。脊椎在荐部和尾部向下弯曲,长骨质脆易骨折,其他症状有羽毛松乱、无光泽,有时下痢。

产蛋鸡缺乏维生素$D_3$以后2~3个月开始出现症状。早期表现为软壳蛋、薄壳蛋增加,然后产蛋率下降,最后停止产蛋。种蛋孵化率降低,喙、爪、龙骨变软,龙骨弯曲。胸骨和椎骨接合处内陷,所有肋骨延胸廓呈向内弧形弯曲的特征。后期关节肿大,母鸡呈现身体坐在腿上的特别姿势。长骨质脆,易出现骨折胎。胚胎多在10~17日龄死亡。

【病理变化】

雏鸡的特征变化是,肋骨和脊柱连接处呈链球状,长骨的骨部分钙化不良。成年母鸡的病理变化是骨软而易碎,肋骨内侧面有小球状的突起。

【防治措施】

高产母鸡和发育中的雏鸡日粮中应添加足够的维生素$D_3$,以防止维生素D缺乏。雏鸡缺乏维生素$D_3$时,每只可喂2~3滴鱼肝油,每天3次。患佝偻病的雏鸡每次喂服维生素D 2 000国际单位。对于缺乏维生素D的鸡群,除了喂富含维生素D的青绿饲料或按需添加维生素D以外,还要多晒太阳,保证足够的日照时间。

(五)维生素E缺乏症

【病因】

饲料中维生素E或硒缺乏,饲料酸败都可引起维生素E缺乏症发生。

【临床症状】

雏鸡缺乏维生素E可发生脑软化,渗出性素质和肌营养不良。脑软化多发生在2~4周龄的雏鸡,病鸡表现运动失调,丧失平衡,或边拍打翅膀边头向后翻,倒地、转圈、前冲,不能站立,衰竭而死亡。也有的发生翅和腿的麻痹,渗出性素质,胸腹部的腹侧皮肤浮肿。肌营养不良症状不明显。成年鸡缺乏维生素E时,母鸡种蛋孵化率明显降低,公鸡睾丸退化,繁殖力减退。

【病理变化】

脑膜水肿,小脑充血,有散在出血点和灰白色的坏死点。腹侧皮肤和皮下有带血迹的水肿。雏鸡胸或腿部肌肉内有白色到黄色的条纹。

【防治措施】

日粮中应有足够的维生素E,每吨饲料中加10 000国际单位;在饲料中要加入抗氧化剂,硒的含量为每千克饲料0.2毫克。发病时,每只鸡口服300国际单位维生素E或在饲料中添加0.5%的植物油。

### (六)硒缺乏症

**【病因】**

主要是由于饲料中硒的添加量不足所引起。

**【临床症状】**

雏鸡的特点是发病突然,病程短,病鸡多在1~2天内死亡。本病多发生在1~4月龄的雏鸡和育成鸡,特征是出现渗出性病变,此时微血管通透性增强,皮下水肿,以腹部和腿部明显,呈蓝绿色。病情严重时,行走困难,最后衰竭死亡。其他症状是病鸡精神沉郁,食欲减少,日渐消瘦。成年鸡发生贫血,产蛋量和种蛋孵化率降低。

**【病理变化】**

雏鸡胸肌可见白色条纹,腹部和腿部皮下水肿,渗出液为蓝绿色,心肌有灰白色坏死,心包液增加。

**【诊断】**

根据临床症状和剖检变化很容易做出诊断,但应与维生素E缺乏症相区别,并注意两者混合致病的可能性。

**【防治措施】**

预防可用1~2毫克/升亚硒酸钠水溶液内服,在1~3日龄、20~23日龄、40~43日龄阶段使用,每阶段连续3天饮水,每天8小时。病鸡用0.05%亚硒酸钠皮下或肌肉注射,每只注射1毫升。大群治疗时,每天可用3~5毫克/升亚硒酸钠水溶液自由饮服8小时,连用3天,停药3天,再用3天,即可控制本病。

### (七)肉鸡腹水综合征

**【病因】**

引起本病的原因较为复杂,但目前普遍认为环境缺氧是造成肉鸡腹水综合征的根本原因。快速生长的肉鸡代谢率高,对能量和氧的需要量明显增多,饲养在高海拔缺氧地区或冬季寒冷季节,为了维持鸡舍的温度,门窗紧闭,通风不畅,尤其饲养密度过大,舍内二氧化碳、氨气和粉尘过量,造成新鲜空气补充不足而缺氧。采用高能、高蛋白饲料,对氧的需要量增加,也会造成相对缺氧。此外,维生素E和微量元素硒的缺乏或食盐过量,长期服用莫能霉素、饲喂发霉饲料和不合理使用煤焦油类消毒剂,以及某些呼吸器官的传染病,如鸡新城疫、鸡传染性支气管炎、鸡支原体感染和大肠杆菌病等,均可诱发肉鸡腹水症。

【临床症状】

病鸡腹部膨大下垂,呈水袋状,用手触摸有波动感,腹部皮肤变薄发红、发亮,严重的走动困难,以腹部着地呈企鹅步,行动迟缓;腹腔穿刺流出透明清亮的淡黄色液体;体温正常。

【病理变化】

腹腔有淡黄色透明啤酒样积液(200~500毫升),混有纤维蛋白凝块和细胞成分;肺充血水肿;右心室扩张、柔软,心肌变薄,肌纤维苍白;肝肿大或萎缩变硬,其表面附着一层灰白或浅黄色透明胶冻样渗出物;肾肿大、充血。

【防治】

早期限饲或降低日粮的能量和蛋白,用粉料代替颗粒料。控制早期的生长速度,降低饲养密度,加强舍内通风,降低舍内氨气的浓度,加强孵化后期的通风可防止早期腹水症的发生。认真搞好舍内环境卫生,减少粉尘,适时做好各种传染病的免疫,严格控制呼吸道疾病的发生。不喂发霉饲料,合理使用消毒剂。用利尿类药物可缓解腹水症的发展,严重时可行腹部穿刺放出腹水。

(八)钙和磷缺乏症

日粮中钙和磷的含量不够,或钙、磷的比例不当,或维生素D含量不足,都会影响钙、磷的吸收和利用。钙、磷缺乏或比例失调均可引起雏鸡佝偻病,产蛋鸡则发生软骨病或产蛋疲劳综合征。

1. 佝偻病

佝偻病是由于钙、磷和维生素$D_3$缺乏或不平衡引起的雏鸡营养缺乏症。

【病因】

佝偻病可因磷缺乏导致,但大多数是由于维生素$D_3$不足引起的。当饲料中的磷和维生素$D_3$的含量足够,饲喂过多的钙也会因钙、磷不平衡引发本病。刚孵出的雏鸡钙贮备量很低,若得不到足够的钙供应,很快出现缺钙。

【临床症状】

佝偻病常常发生于6周龄以下的雏鸡,由于缺乏的营养成分不同,表现不同。病鸡表现腿跛,行走不稳,生长速度变慢,腿部骨骼变软而富于弹性,关节肿大,跗关节尤其明显,病鸡休息时常呈蹲坐姿势。病情发展严重时,病鸡会出现瘫痪,但磷缺乏时,一般不表现瘫痪症状。

【病理变化】

病鸡骨骼软化,似橡皮样,长骨骨端增大,垢的生长盘变宽和畸形。与脊柱连接处的肋骨呈明显球状隆起,肋骨增厚、弯曲,致使胸廓两侧变扁。喙变软,橡皮样,易弯曲。甲状旁腺常明显增大。

【诊断】

根据发病日龄、症状和病理变化可以怀疑本病。喙变软和串珠状肋骨,特别是胫骨变软,易折曲,可以确诊本病。另外,测定饲料中钙、磷和维生素D含量,有助于判别本病的存在。

【防治】

如果日粮中缺钙,应补充贝壳粉、骨粉、石粉,缺磷时应补充磷酸氢钙,钙、磷比例不平衡要调整。

如果已出现日粮中维生素$D_3$缺乏表现,应给予3倍于平时剂量的维生素$D_3$2~3周,然后再恢复到正常剂量。

2. 笼养蛋鸡疲劳症

笼养蛋鸡疲劳症是笼养蛋鸡的一种营养代谢病。

【病因】

本病的病因与笼养鸡所处的特定环境有关,如日粮中钙、磷比例不当或维生素C、维生素D缺乏。由于母鸡高产(产蛋率80%以上),会引起一种暂时的缺钙,为了蛋壳的形成母鸡将利用自身骨骼中的钙,最终发生骨质疏松症。另外,鸡饲养在笼内,长期缺乏运动,神经兴奋性降低,软骨变硬,肌肉强力减弱,以致运动机能减弱,也可能是本病的部分原因。

【临床症状】

发病初期鸡只外表健康,精神正常,能采食、饮水和产蛋。以后出现产软壳蛋和薄壳蛋,产蛋量明显降低,两腿发软,站立困难。此时如能及时发现,采取措施,能很快恢复。否则,症状逐渐严重,最后瘫痪,侧卧于笼内。此时病鸡反应迟钝,食欲消失,因不能采食和饮水,致极度消瘦衰竭而死亡。

【病理变化】

肺脏充血、水肿。心肌松弛。腺胃黏膜糜烂、柔软、变薄,腺胃乳头平坦,几乎消失,腺胃乳头内可挤出红褐色液体,有时腺胃壁(多在腺胃与肌胃交界处)出现穿孔。卵泡有出血斑,输卵管黏膜干燥,常在子宫部有一硬壳蛋。肝脏有浅黄白色条纹,有小的出血点。肠内容物淡黄色,较稀,肠黏膜大量脱落,泄殖腔黏膜出血。

【防治】

加强管理,按照鸡龄适时换料,一般在开产前2周开始使用预产料。笼养高产蛋鸡饲料中钙的含量不要低于 3.5%,并保证适宜的钙、磷比例,在每千克饲料中添加维生素D 32 000国际单位以上。当发现产软壳蛋时,就应做血钙的检验。

每天早起观察鸡群,发现病鸡及时采取措施。病鸡要单独饲养,补充骨粒或粗颗粒碳酸钙,让鸡自由采食,病鸡 1周内即可康复。对于血钙低的大群鸡,在饲料中再添加 2%~3%的粗颗粒碳酸钙,每千克饲料中添加2 000国际单位的维生素 $D_3$,经过2~3周,鸡群的血钙就可以上升到正常水平,而粗颗粒碳酸钙和维生素$D_3$的补充需要持续1个月左右。如果病情发现较晚,一般 20天左右才能康复,个别病情严重的瘫痪鸡可能会死亡。

(九)锰缺乏症

【病因】

锰是家禽饲料中的必需添加剂,当饲料中的锰不能满足家禽的需求时容易发生锰缺乏症。

【症状】

鸡只生长发育迟缓,胫跗关节肿大、扭转,腿短外翻,不能站立行走。母鸡的产蛋率和种蛋孵化率降低。胚胎的骨骼发育迟缓,腿短粗,翅短小,头呈球形,下颌变短,腹部水肿,鸡胚多在20~21天死亡。孵出的雏鸡强直痉挛,共济失调。

【防治】

本病以预防为主,正常在鸡饲料中添加硫酸锰的量为:每千克饲料中,0~6周龄雏鸡60毫克,7~20周龄及产蛋鸡30毫克,种鸡60毫克。

(十)铜缺乏症

【病因】

铜是鸡饲料的必需添加剂,当饲料中铜含量不足时就容易发生铜缺乏症。

【症状】

病鸡表现为贫血，骨质疏松，易发生骨折。雏鸡骨骺处的软骨增厚。母鸡羽毛无光，产蛋下降，种蛋孵化率降低。有的病鸡出现运动失调、痉挛性麻痹等症状。

【防治】

以预防为主，鸡对铜元素的正常需要量为每千克体重6～8毫克。鸡发生铜缺乏时，每吨饲料加入20克硫酸铜，喂时应充分混匀，以免发生中毒。

（十一）锌缺乏症

【病因】

锌是鸡饲料的必需添加剂，当饲料中的锌含量不足时可发生锌缺乏症。

【症状】

雏鸡缺锌时体质衰弱，生长缓慢，食欲减少，胫骨短粗，关节肿大，常蹲伏地面。羽毛发育不良，缺少色素，易折断。产蛋鸡缺锌时，产薄壳蛋，致孵化率降低，弱雏增多。胫部皮肤容易成片脱落。

【防治】

本病以预防为主，一般情况下在饲料中添加含锌的制剂以补充锌的不足。通常用碳酸锌混料的用量为286毫克/千克，用氧化锌混料的用量为81毫克/千克。治疗可用碳酸锌或硫酸锌，但用量应严格控制，锌过多时会对钙在肠道的吸收、蛋白质代谢以及锰和铜的吸收产生不利影响。

（十二）痛风

痛风是鸡蛋白质代谢发生障碍，在体内产生大量尿酸或尿酸盐，在内脏器官浆膜表面、关节滑膜和腱鞘大量沉积所引起的疾病。

【病因】

饲料中蛋白质尤其是核蛋白含量过高,同时伴有肾机能不全。此时体蛋白质的代谢产物尿酸大量增加,使血液中尿酸的含量急剧增加,超出了正常的排泄限度,引起尿酸在体内沉积。另外,饲料中缺乏充足的维生素A和维生素D,矿物质含量配合不当,肾脏机能障碍等也与痛风的发生有关。

【临床症状】

本病多发生在生长期的鸡和成鸡。因尿酸盐在体内沉积的部位不同而分为内脏型痛风和关节型痛风,有时二者兼有,较常见的是内脏型痛风。本病一般多呈慢性经过,急性死亡者是少数。病鸡表现为全身性营养障碍,精神委顿,食欲不振,贫血,羽毛松乱,逐渐消瘦衰竭,母鸡产蛋量下降甚至完全停产,有的病鸡表现鸡冠苍白,脱毛,皮肤瘙痒,气喘或神经症状,排黏液性白色稀便,其中含有多量的尿酸盐。关节型痛风较少见,病鸡腿、脚趾和翅关节肿大,疼痛,运动迟缓,跛行,不能站立。

【病理变化】

内脏型痛风可见肾脏肿大,色泽变淡,表面有尿酸盐沉积形成的白色斑点。输卵管扩张变粗,宫腔中充满石灰样的沉淀物。严重的病鸡在心、肝、脾、肺、胸膜和肠系膜表面散布些石灰样的白色絮状物(尿酸盐结晶),甚至可形成一层白色薄膜,将这些沉淀物刮下镜检,可看到许多针状的尿酸盐结晶。关节型痛风可见关节表面和关节周围组织中有稠厚的白色黏性液体,几乎完全由滑液和尿酸盐结晶组成;骨关节面发生溃疡,关节囊坏死。

【防治】

对本病的治疗有效方法不多,以预防为主。应适当减少饲料中的蛋白质,特别是动物性蛋白质的含量;供给充足的清洁饮水和新鲜青绿饲料,注意补充维生素A、维生素D;避免可能影响肾功能的各种因素产生。

(十三)喹乙醇中毒

【病因】

由于用喹乙醇预防或治疗时用量过大或混饲时搅拌不匀而引起发病。

【临床症状】

病鸡精神沉郁,食欲减退,饮水减少,鸡冠呈暗红色,体温降低,神经麻痹,脚软,甚至瘫痪,死前常有抽搐、尖叫、角弓反张等症状。

【病理变化】

肝脏稍肿大,质脆;胆囊肿大,充满胆汁;肌胃角质膜下出血;卵泡变形破裂,腹腔含有较多淡黄色的卵黄液体;十二指肠黏膜呈弥漫性出血;泄殖腔严重出血。

【防治】

用喹乙醇防治鸡病时严格控制用量,预防用量混饲时为25~35毫克/千克;用于治疗最大内服量,雏鸡每千克体重30毫克,成鸡每千克体重50毫克。一旦发生中毒,立即停喂有关可疑饲料或药物,并采取保护肝脏及促进肾脏排泄措施,如大量饮水,补充葡萄糖、维生素等。

(十四)氟中毒

【病因】

饲料中某种原料含氟量过高,如饲喂了未经过脱氟的磷酸氢钙或含氟量过高的骨粉等而发病。

【临床症状】

雏鸡表现精神不振,食欲降低,羽毛粗乱,拉稀粪,喜卧,甚至瘫痪。产蛋鸡产蛋率显著下降,蛋壳变薄,破壳蛋增多,容易发生腿骨骨折。

【病理变化】

雏鸡胸骨发育不良,严重弯曲;腿骨松软,易弯而不易断。肾微肿,输尿管中有尿酸盐沉积。成年鸡胸骨变形,在胸骨和椎骨结合部位,肋骨向内卷曲。

【诊断】

可根据发病情况和所喂饲料调查、临床症状及剖检变化做出初步诊断。必要时可进行饲料中氟含量测定,当所测指标超过规定量时即可确诊。

【防治】

发现中毒病鸡,应立即停喂含氟高的饲料,更换氟含量合格的饲料,并在日粮中按800毫克/千克标准添加硫酸铝,以减轻中毒。给病鸡饮用5%葡萄糖水,连用5天,并在饮水中添加维生素C、维生素D和维生素B,以促进康复,增强抗病能力。补充钙、磷也有助于氟中毒病鸡的康复。防止氟中毒发生,关键是把好原料关并及时检测饲料、饮水中的氟含量,一旦超标,要迅速更换。

(十五)肉鸡猝死综合征

又称急性死亡综合征,是肉鸡生产中普遍存在的疾病。该病死亡率0.5%～5%,常发生于生长特快、体况良好的2～5周龄肉鸡,3～4周龄达高峰。本病一年四季均可发生。

【症状及病理变化】

病鸡一般不表现症状,只是在临死前采食稍缓慢,排出稀薄的粪便,失去平衡,向前或向后跌倒,翅膀剧烈扇动,发出尖叫声,肌肉痉挛死亡。死后两脚朝天,背朝地,颈强直,多死于饲喂时。

剖检病死鸡,可见早期死亡的鸡右心房扩张,后期死亡者心脏较正常者大几倍，心包积液，有时有纤维状凝块；肝脏肿大、苍白，胆囊缩小；胸肌粉红色，其他部分的肌肉组织呈苍白色；消化道充满大量的食物、食糜或粪便；肺肿大、充血，呈暗红色。

【诊断】

健壮、肥胖的肉鸡多死亡，死后呈仰卧姿势，结合死前的症状及剖检变化可较准确地诊断此病。

【防治】

预防此病的方法是加强饲养管理，保持鸡舍安静，避免噪音，采用适宜的光照方案，严格控制鸡舍饲养密度。适当降低饲料的营养水平，减慢增重速度，控制体重。

(十六)脂肪肝综合征

这是肉用仔鸡发生的一种以肝脏、肾脏肿胀，嗜眠，麻痹和突然死亡为特征的疾病。主要发生于10~30日龄的肉用仔鸡，以3~4周龄发病率最高。

【症状及病理变化】

脂肪肝综合征多发生于生长发育良好的肉鸡群，体重较标准高25%~30%。本病发病率较高，但死亡率低。患病鸡多表现为吞咽困难、伸颈、嗜眠、神经麻痹，严重时出现瘫痪，伏卧或侧卧。有时口腔内流出少量黏液，鸡冠苍白、贫血。剖检病死鸡可见肝脏肿大，呈灰黄色油腻状，质地变脆，肝被膜下有小的出血块，皮下及其他内脏器官（如肠管、肠系膜、腹腔后部、肌胃、肾脏、心脏、卵巢等）周围沉积大量脂肪。

【诊断】

根据症状及剖检可对此病做出较准确的诊断。

【防治】

当发现鸡群体重增加过快，超出该品种要求的标准速度时，应降低日粮能量水平,减少碳水化合物的供给量,如玉米、小麦、高粱、小米等,增加粗饲料(如草粉)的比例;提高蛋氨酸、胆碱、维生素B$_{12}$、维生素E、生物素的含量;适当限制饲喂,减少每天的饲料供给量。对于患病鸡可在每吨饲料中加入1 000克氯化胆碱治疗1周。

### (十七)肉毒梭菌中毒

这是以运动神经麻痹、急性、高死亡率为特征的一种疾病。在高集约化饲养的肉鸡场,高温高湿的夏季较为多见。

**【症状及病理变化】**

病鸡最初表现为翅膀和腿麻痹,随着病情发展,麻痹加重,并出现下痢,食欲降低或废绝,步态不稳,颈部软弱无力,头不能抬起,最后昏迷死亡。

剖检时可见肠黏膜充血、浮肿,但其他病变不明显。

**【诊断】**

一是通过症状及剖检诊断,二是分析饲料中是否含有病原菌,三是进行肉毒梭菌培养。

**【防治】**

目前尚无治疗本病特效药。合理保存饲料,注意鸡舍的通风换气,保持鸡舍干燥,腐烂尸体及粪便及时清理,做好鸡舍消毒,可有效地控制此病。

### (十八)黄曲霉毒素中毒

本病是由于采食被黄曲霉菌及其毒素污染的饲料而引起的,一年四季均可发生。各种日龄肉鸡均可发病,以肉仔鸡最敏感。

**【症状及病理变化】**

病鸡表现为呼吸困难,张口喘气,口鼻流液,下痢。后期头向后弯曲,昏睡,直至死亡。

剖检病死鸡可见肺、气囊、胸腔膜上有白色或黄白色针尖或米粒大小的结节,切开结节后,可见内有干酪样物。肺灰红色,质地变硬,弹性消失,切面致密。胸、腹气囊混浊,病程长时,可见气囊表面有圆形、蝶状的霉菌斑。

【诊断】

可根据症状、剖检变化及饲养环境进行初步诊断。将霉斑或结节制成压片,滴加生理盐水,显微镜下观察,见到菌丝即可确诊。

【防治】

预防本病的有效方法是妥善保存饲料,禁喂发霉变质的饲料;加强通风,保持鸡舍干燥;垫料要勤晒勤换,鸡舍经常消毒。当鸡群发病后,应及时撤除病原,同时每100只雏鸡的饲料中拌入5万单位制霉菌素,连喂3~4天;或每100只雏鸡饲料中加入1克克霉唑,连喂2~3天。

(十九)一氧化碳中毒

一氧化碳为无色、无味、无臭、无刺激的气体,有剧毒。若鸡舍内含量过高,被肉鸡吸入便会发生中毒。临床上以机体缺氧为主要特征,多发生于育雏舍的肉仔鸡。

【症状及病理变化】

肉鸡呼吸困难,精神不安,呆立或站立不稳,运动失调甚至惊厥、角弓反张等,最后因深度昏迷、窒息死亡。

剖检病死鸡可见肺有淤血、气肿,血液呈樱桃红色,其他脏器均为鲜红色,黏膜和肌肉充血、出血等。

【诊断】

根据症状及剖检变化,结合雏鸡所处的环境,可较为准确地做出诊断。

【防治】

定期检查育雏室内的烟道和煤炉,以防堵塞或漏气;在保证鸡舍温度的前提下,注意通风换气。轻度中毒时,将鸡舍通风量加大,让鸡多吸入新鲜空气,慢慢就可恢复;中毒严重时,皮下注射生理盐水或等渗葡萄糖溶液以及强心剂,可减少鸡只死亡。

(二十)食盐中毒

肉鸡因采食含食盐过量的日粮,引起以胃肠炎、口渴和神经症状为主要特征的中毒病。以雏鸡最敏感,常引起大批死亡。

【病因】

食盐添加量过大,饲料中食盐混合不均是最常见的原因。

【症状】

起初病鸡大量饮水,惊恐尖叫,嗉囊膨大。随后从口鼻流出黏稠的分泌物,行走、站立困难而卧地不起,并伴有抽搐等神经症状,常出现腹泻,呼吸困难,倒地痉挛死亡。

【病理变化】

嗉囊内有大量黏性液体,胃肠道有出血,皮下水肿,肺水肿,脑膜充血、肿胀并有小出血点。

【诊断】

根据暴饮和神经症状可做出初步诊断,确诊要测定饲料及胃内容物的食盐含量。

【治疗】

立即停喂含盐量高的饲料,并提供充足的清洁饮水;用10%葡萄糖饮水,并加入适量的氯化钙或葡萄糖酸钙。

# 附　录

## 肉鸡生产作业日程表

| 日程 | 工作内容、基本要求及注意事项 |
|---|---|
| 进雏前15日 | 清理鸡场。打扫舍外环境，清除鸡舍四周的污物，清除杂草，清扫院落，做到场内无鸡粪、羽毛、垃圾，鸡场外环境也应进行清理。从鸡舍、鸡场清理出的脏物应送到离鸡场几千米以外的地方 |
| 进雏前14日 | 清理鸡舍。将能搬出的器具都搬到舍外清洗消毒，彻底清除舍内的粪便、垫料、羽毛、灰尘等，注意将顶棚、墙壁和门窗清扫干净 |
| 进雏前13日 | 冲洗鸡舍。由上而下冲洗顶棚、墙壁、窗户和地面，应做到无粪便、灰尘等脏污物残留，地面和1米以下的墙面应该边冲边刷。冲洗干净是消毒药使用有效的基础 |
| 进雏前12日 | 检修设备。维修饲养设备，保证完成饲养一批鸡的任务，否则就要更换。检修供热、通风及照明等设备 |
| 进雏前11日 | 室外消毒。清扫道路院落，用生石灰或火碱水消毒。舍外和整个场区以及场外的道路可用3%火碱消毒或直接撒生石灰。地表过脏的地方在消毒后将其翻到地下。消毒液要喷洒到每个角落 |
| 进雏前10日 | 鸡舍消毒。对干燥后的鸡舍进行第一次消毒，同时将舍外冲洗消毒干净的饲养设备搬入鸡舍。地面和1米以下的墙面用3%火碱消毒，顶棚和四壁可用次氯酸钠等消毒药喷雾消毒 |
| 进雏前9日 | 安装设备。安装棚架、塑料网和护网，挂好温湿度计。检查门窗、通风口及屋顶等处，确保没有上批鸡留下的灰尘。作业员需经消毒，换好干净的衣服和鞋后再进入消毒好的环境，不能因为进出时的疏漏破坏消毒效果 |

**续表**

| 日程 | 工作内谷、基本要求及注意事项 |
|---|---|
| 进雏前8日 | 安装设备。地面平养的鸡要铺设垫料，厚度61~100厘米。摆放饮水器、开食盘，80~100个雏鸡一个开食盘，50只鸡一个饮水器。安装采暖设备 |
| 进雏前7日 | 第二次消毒。用百毒杀、威岛等消毒液从上至下对整个鸡舍和器具进行喷洒。墙壁用生石灰乳浆粉刷一遍，地面仍用2%火碱消毒 |
| 进雏前6日 | 熏蒸消毒。关闭门窗和通风孔，为提高熏蒸消毒效果，尽可能地使舍温达到24℃以上，相对湿度达到75%以上。用药量按每立方米福尔马林42毫升、高锰酸钾21克计。舍内每隔10米放一个熏蒸盆，先放入高锰酸钾，然后从距舍门最远端开始依次倒入福尔马林，工作人员出门后立即把门封严 |
| 进雏前5日 | 熏蒸24小时后打开门窗和通气口，充分换气。注意：进出净化了的区域必须消毒，更换干净的衣服和鞋，搬入的物品也必须是干净的。每舍门口设消毒池（或消毒盆） |
| 进雏前4日 | 关闭门窗，准备和检查落实进雏前的一切准备工作，包括保温措施、饲料、药品疫苗、煤等 |
| 进雏前2日 | 冬春季节鸡舍开始预热升温，注意检查炉子是否好烧，有无漏烟、倒烟现象，有无火灾隐患 |
| 进雏前1日 | 夏秋季早晨开始生火预热，使舍温和育雏器温度达到要求，铺好垫料、报纸，准备好雏鸡料、疫苗、砂糖、复合维生素和药品，设置好雏鸡的护栏 |
| 1~3日龄 | 在进雏前2小时将饮水器装满20℃左右的温开水，水中可加5%的白糖，适量多维和恩诺沙星或其他抗菌素，对运输距离较远或存放时间太长的雏鸡，饮水中还需加适量的补液盐。添水量以每只鸡6毫升计，将饮水器均匀地分布在育雏器边缘 |
|  | 注意温度状况，育雏温度稳定在34~36℃。注意通风，尽可能提高鸡舍湿度 |
|  | 进雏后，边清点雏鸡，边将雏鸡安置在育雏器内休息。待雏鸡开始活动后，先教雏鸡饮水，每百只鸡抓5只，将喙按入水中，1秒左右后松开 |

**续表**

| 日程 | 工作内容、基本要求及注意事项 |
|---|---|
| 1~3日龄 | 雏鸡饮水2~3小时后，开始喂料，将饲料撒到垫纸上，少给勤添，每2小时喂一次料。第一次喂料以每只鸡20分钟吃完0.5克为度，以后逐渐增加 |
| | 60瓦灯泡，22小时光照 |
| | 注意观察雏鸡的动态，密切注意舍内的温度、通风状况和湿度，判断环境是否适宜 |
| | 喂料时注意取出没学会饮水、采食的雏鸡，放在适宜的环境中设法调教，挑出弱雏、病雏及时淘汰 |
| | 在2，3日龄，饮水中添加抗菌素和复合维生素 |
| | 注意观察粪便状况，粪便在报纸上的水圈过大，是雏鸡受凉的标志。发现雏鸡有腹泻时，应该立即从环境控制、卫生管理和用药上采取相应措施 |
| | 2日龄时在饮水器底下垫上一块砖，有利于保持饮水的干净和避免饮水器周围的垫料潮湿。注意饮水和饲料卫生，饮水器每天刷洗2~3次 |
| | 传染性支气管炎免疫，用传染性支气管炎$H_{120}$疫苗滴眼，1头份/只，注意等疫苗进入眼内后才能将鸡放开 |
| | 注意填写好工作记录 |
| 4~6日龄 | 注意观察鸡群的采食、饮水、呼吸及粪便状况 |
| | 注意鸡舍内环境的稳定 |
| | 清理更换保温伞内的垫料，扩大保温伞（棚）上方的通气口 |
| | 清扫舍外环境并用2%火碱消毒，注意更换舍门口消毒池内的消毒液 |
| | 改进通风换气方式，每1~2小时打开门窗30秒至1分钟，待舍内完全换成新鲜空气后关上门窗 |
| | 改成每日喂料6次，3日之内逐步转换成用料桶喂料 |
| | 温暖季节饮水器中可以直接添加凉水，水中按说明比例添加百毒杀等消毒药，注意消毒药的比例一定要正确 |
| | 开始逐渐降低育雏温度，每天降0.3~0.5℃。注意：必须逐渐降温，降温速度视雏群状态和气候变化而定，白天可以降得多一些 |

**续表**

| 日程 | 工作内容、基本要求及注意事项 |
|------|------------------------------|
| 4~6日龄 | 注意观察雏鸡有无接种疫苗后的副反应,如果精神状态等有反应时,应该将舍温提高1℃左右,并在饮水中连续3天加入抗菌素 |
| | 舍内隔日带鸡喷雾消毒一次,消毒液用量为每平方米35毫升,浓度按消毒药说明书配制 |
| | 根据鸡群活动状况逐渐扩大护围栏 |
| | 22小时光照 |
| 7~9日龄 | 周末称重。午后2时,抽样2%或100只鸡称重。为使称重的鸡具有代表性,让鸡群活动开后,从5个以上点随机取样,逐只称重 |
| | 计算鸡群的平均体重和均匀度,检查总结1周内的管理工作 |
| | 撤去开食盘,完全用料桶喂鸡,每日4~5次 |
| | 接种新城疫苗,滴鼻、点眼,1头份/只。免疫时抓鸡要轻,待疫苗完全吸入鼻孔和眼中后才放鸡。免疫当天的饮水中不加消毒药 |
| | 隔日舍内带鸡消毒,周末对舍外环境清扫消毒 |
| | 在控制好温度的同时,逐步增加通风换气量,注意维持环境稳定 |
| | 调节好料桶与饮水器的高度 |
| 10~13日龄 | 注意日常管理,注意降温和通风换气 |
| | 注意观察鸡群有无呼吸道症状、有无神经症状、有无不正常的粪便 |
| | 注意垫料管理 |
| 14日龄 | 疫苗免疫前停水,夏季停水2~3小时,冬季3~4小时 |
| | 用清水洗净饮水器,注意免疫用水不得含有消毒药,每只鸡的免疫用水量冬季22毫升左右,夏季28毫升左右 |
| | 为延长疫苗在饮水中的存活时间,在水中加入0.3%的脱脂奶粉,以每只鸡1头份的量将疫苗溶入水中 |
| | 注意使每只鸡都喝上疫苗水,要求在1~1.5小时内饮完 |
| | 饮水中加水溶性复合多维 |
| | 鸡群称重。方法同第一次,根据平均体重和鸡群均匀度分析鸡群的管理状况 |
| | 舍外环境彻底清扫,用2%火碱消毒 |

**续表**

| 日程 | 工作内容、基本要求及注意事项 |
|---|---|
| 15~20日龄 | 日常管理如前,注意降温,本周白天温度可降至24~26℃(视鸡群状况和季节温度灵活掌握) |
| | 注意观察鸡群 |
| | 饮水消毒,隔日带鸡消毒 |
| | 通风换气和垫料管理 |
| 21日龄 | 法氏囊病疫苗饮水免疫,方法如前,免疫用水量为雏鸡当天采食量的40%左右 |
| | 周末称重,方法同前 |
| | 在控制温度的基础上加强通风换气 |
| | 根据鸡群生长状况,将光照时间调整为20~22小时 |
| | 对舍外环境清理消毒 |
| 22~27日龄 | 工作重心为维持正常温度的基础上加强通风换气 |
| | 舍温控制在25℃左右 |
| | 从22日龄开始分3天时间将饲料换成中期肉鸡料 |
| | 隔日带鸡消毒 |
| | 25~27日龄饮水中撤去消毒药 |
| 28日龄 | 新城疫活苗饮水免疫,每只鸡2头份 |
| | 清晨喂料前停水,夏季停水2.5~3.5小时,冬季3.5~4小时。水量为当日采食量的40%左右 |
| | 注意免疫用水不得含有消毒药,水中加复合多维 |
| | 要求让每只鸡都喝到疫苗水,并在1~1.5小时之内喝净 |
| | 称重,方法同前 |
| | 对舍外环境清理消毒 |
| | 光照时间调整为22小时 |
| 29~34日龄 | 日龄日常管理同前,但转为以通风换气为主 |
| | 29日龄起连用3天针对呼吸道病及大肠杆菌病的药物 |
| | 注意垫料管理 |
| | 本周是鸡群容易发生疾病的阶段,要注意观察鸡群有无神经症状、呼吸道症状及粪便异常,注意鸡群的腿病情况 |
| | 隔日带鸡消毒 |

**续表**

| 日程 | 工作内容、基本要求及注意事项 |
|---|---|
| 35日龄 | 加强垫料管理,加强通风换气 |
| | 使舍温维持在20℃左右 |
| | 对舍外环境清理消毒,隔日带鸡消毒 |
| | 称重,方法如前,与标准体重比较,分别计算公母鸡的均匀度 |
| 36~49日龄 | 按日常管理注意事项工作 |
| | 以加强通风换气,维持舍内宁静舒适的环境为工作重心 |
| | 注意秋冬季节的昼夜温差,控制好舍温,夏季则需防暑 |
| | 称重,做好记录 |
| | 注意饲养密度 |
| 49~55日龄 | 为出栏前一周,严禁使用任何药物 |
| | 以维持鸡舍内正常的生活环境为工作重心 |
| | 准备出栏,准备好捕鸡用具,人员安排得当,开好检疫证和车辆消毒证 |
| | 出栏前4~6小时停料 |
| | 出栏时抓鸡方法要得当,动作要轻缓,尽可能减少肉鸡的物理性损伤 |
| | 清点鸡数,算出肉鸡群的总重量,做好记录 |

# 参考文献

[1] 常泽军, 杜顺丰, 李鹤飞. 肉鸡 [M]. 高福, 苏敬良主译. 北京: 中国农业大学出版社, 2006.

[2] 张浩吉, 王双同. 规模化安全养鸡综合新技术 [M]. 北京: 中国农业出版社, 2005.

[3] 张秀美. 禽病防治完全手册 [M]. 北京: 中国农业出版社, 2005.

[4] 魏刚才. 怎样科学办好中小型鸡场 [M]. 北京: 化学工业出版社, 2009.

[5] 傅润亭, 周友明. 无公害肉鸡标准化生产 [M]. 北京: 中国农业出版社, 2006.

[6] 全国三绿工程工作办公室. 安全优质肉鸡的生产与加工 [M]. 北京: 中国农业出版社, 2005.

[7] 席克奇. 怎样经营好家庭鸡场 [M]. 北京: 金盾出版社, 2008.

[8] 刁有祥, 杨全明. 肉鸡饲养手册 [M]. 北京: 中国农业大学出版社, 2007.

[9] 徐桂芳, 陈宽维. 中国家禽地方品种资源图谱 [M]. 北京: 中国农业出版社, 2003.

[10] 杨山, 李辉. 现代养鸡 [M]. 北京: 中国农业出版社, 2002.

[11] 王生雨. 肉鸡生产新技术 [M]. 山东科学技术出版社, 1989.

［12］佟建明，萨仁娜，张琪. 饲料配方手册［M］. 北京: 中国农业出版社，2001.

［13］马国文. 家禽临床病理学［M］. 长春: 长春出版社，2001.

［14］吴清民. 兽医传染病学［M］. 北京: 中国农业大学出版社，2002.

［15］B. W. 卡尔尼克. 禽病学［M］. 第10版. 高福，苏敬良主译. 北京: 中国农业出版社，1999.

［16］杨振海，蔡辉益. 饲料添加剂安全使用规范［M］. 北京: 中国农业出版社，2003.

［17］朱模忠. 兽药手册［M］. 北京: 化学工业出版社，2004.